智慧熊
SMART BEAR

阅读强 | 少年强 | 中国强

U0349945

专家审定委员会

励志版名著的6个关键词

"领悟性阅读"是人生成长过程中不可或缺的要素。如何用精品名著唤醒天性、唤醒心灵、点燃智慧之灯，同时兼顾学生学习的现实需要呢？

第一个关键词：价值阅读——"成就有价值的人生"

有价值的人生从价值阅读开始。在阅读的重要性与紧迫性已成为共识的情况下，最根本的问题就是读什么和怎么读。为此，励志版名著致力于通过对经典名著的价值解读，培养学生一生受用的品质。

第二个关键词：励志——"本书名言记忆"

一句名言可以影响人的一生。在供学生阅读的众多名著版本中，励志版名著是以励志为核心理念的。一本好书，必能启迪人心，滋养人的精神。因此，我们专注于传递名著中宝贵的人生经验和成长智慧。

第三个关键词：兴趣——"无障碍阅读"

针对阅读经验较少的学生，励志版名著依据《现代汉语词典》《辞海》《汉语大词典》等权威辞书对疑难字词进行注释，并参考相关资料对人物、好句等进行注解，从而帮助学生实现名著的无障碍阅读，激发学生的阅读兴趣。

第四个关键词：导学——"名师导学3-2-1"

名师门下出高徒。励志版名著邀请全国一线名师、教研员倾力把关"名师导学3-2-1"，强调在导学的基础上自主学习，把阅读延伸到书外。

第五个关键词：彩图——"图说名著"

全品系七百多幅精美插图，配以言简意赅的文字，达到"图说名著"的生动效果，这对提升学生的阅读兴趣，使其更好地理解每一本名著的意蕴，无疑会有很好的帮助。

第六个关键词：课标——"全课标素质解读"

强调课标与素质阅读的结合，是本丛书明显的特征。各版本语文教材中所选用的名著篇目，都在其中占有一席之地，倡导了"每一本名著都是最好的教科书"的理念。

简言之，我们殚精竭虑，注重每一个细节。因为，一个人物，拥有一段经历；一段故事，反映一个道理；一本好书，可以励志一生。

让名著发挥它人生成长导师的基本功能吧！

励志版名著编委会

励志版名著结构体例图

开宗明义　整体解读

　　全书导读是针对全书的综合性内容简述。内容涵盖作者、故事情节、主题等方面。通过全书导读，读者不用读全文，也能知道这本书整体叙述了什么。

图文并茂　相得益彰

　　精美的彩色插图，完美呈现经典情节，让读者在阅读文字的同时，有身临其境的感受，增加其阅读的乐趣。

名言启迪　励志人生

　　丛书特别关注名著中所传递的宝贵人生经验和成长智慧，分类整理了每本书中适合青少年收集的名言。

兼顾教材与素质培养

　　在供学生阅读的众多名著版本中，励志版名著是以励志为核心理念的，突显出关注素质成长的编辑宗旨。

无障碍阅读　分析与引导

　　注音释义，扫除字词障碍；批注点评，扫除理解障碍；成长启示，扫除感悟障碍。

查漏补缺　总结知识点

　　针对应试的需要，同时为了便于检测阅读效果，编者联合一线教师对每本书的重要知识点进行整理，以考题的形式帮助学生查漏补缺。

名著阅读专项规划方案

　　阅读不仅仅能让学生学会考试，还在某种程度上决定了学生应对未来生活和学习的基础能力。只有掌握了阅读的本领，学生才能更好地学习其他知识，才能更自信地融入社会，拓展更广阔的成长空间。

　　要使阅读学而有用，在短时间内提升阅读能力和文学素养，系统科学地阅读尤为重要。为此，我们为学生制订了一份科学合理的名著阅读计划。

阅读阶段	阅读要点	中小学生课外阅读推荐	推荐理由与检测	阅读量与阅读方法
第一阶段	掌握阅读（或流畅读）阶段（7～8岁）。这个阶段学生的知识和语法积累不足，认知能力有限，所以应适当避免阅读的复杂性。	《唐诗三百首》《弟子规》《三字经》《成语故事》《稻草人》《木偶奇遇记》《伊索寓言》……	励志版名著，由阅读专家及各省教研员为青少年专门打造，兼顾教材与素质培养，注重快乐阅读、无障碍阅读。 检测：能熟练阅读并复述1～3本必读名著的内容。	读4～8本名著（兼顾中外），以兴趣阅读为主，精读不少于1本，每周阅读时间不少于6小时，以便从小就养成良好的阅读习惯。
第二阶段	为学习新知而阅读（9～13岁）。前期（低年级）可以阅读无须专业知识铺底就能理解的书籍，后期（高年级）需要增加阅读的难度。	《三国演义》《西游记》《水浒传》《城南旧事》《格林童话》《安徒生童话》《鲁滨逊漂流记》《汤姆·索亚历险记》《海底两万里》……	励志版名著的书目，由中国的阅读专家和欧洲著名的内容提供商艾阁萌提供；借鉴了国外的兴趣阅读与素质培养的经验；辅以导读与思考题，可同时满足课堂教学的需要。 检测：能熟练引用名著内容并应用到写作当中。	读8～16本名著。应遵循由浅入深的原则，在关注2～3个品质主题的基础上，逐渐提高鉴赏能力。精读3本名著，每周阅读时间不少于6小时。
第三阶段	通过阅读，多角度了解人生（14～18岁），从一个初级阅读者逐渐成为一个成熟阅读者。要努力积累知识、发展潜力，学会理解与反思，达成个人目标。	《朝花夕拾》《骆驼祥子》《繁星·春水》《格列佛游记》《童年》《简·爱》《钢铁是怎样炼成的》《假如给我三天光明》《老人与海》……	励志版名著，从易至难，指导学生完成阶梯式阅读。它可以满足这个年龄段的学生对社会、对人生的好奇与探索。它保留了名著引导读者认识人生的特点。 检测：是否具有精读、反思、举一反三的能力。	这一阶段是青少年品质形成的重要时期，应增加阅读书目数量，结合专项品质（如专注、乐观、进取、尊严等），进行重点阅读，以形成分析、反省、批判等综合能力。要记读书笔记。每周阅读时间不少于6小时。

　　注： 励志版名著依据教材，但绝不仅仅服务于考试。如通过对《老人与海》的专项阅读，学生能够培养勇敢不屈、顽强坚毅的意志品质。这套名著强调对学生素质品质形成与成长的帮助。

无障碍阅读

彩插励志版

森林报·秋

SENLIN BAO QIU

〔苏联〕维·比安基 著

吕 娣 译

南方出版社
·海口·

图书在版编目（CIP）数据

森林报.秋 /（苏）维·比安基著；吕娣译. —海口：南方出版社，2021.5（2022.12 重印）
（无障碍阅读：彩插励志版 / 闻钟主编）
ISBN 978−7−5501−6937−1

Ⅰ.①森… Ⅱ.①维… ②吕… Ⅲ.①森林—少儿读物 Ⅳ.①S7−49

中国版本图书馆 CIP 数据核字（2021）第 083996 号

森林报·秋
SENLIN BAO QIU

〔苏联〕维·比安基 著 吕 娣 译

责任编辑：索相峰
出版发行：南方出版社
社 址：海南省海口市和平大道 70 号
邮政编码：570208
电 话：（0898）66160822
传 真：（0898）66160830
印 刷：北京市兆成印刷有限责任公司
经 销：新华书店
开 本：920mm×1280mm 1/16
印 张：12
字 数：140 千字
版 次：2021 年 5 月第 1 版
印 次：2022 年 12 月第 4 次印刷
定 价：15.80 元

如何进行价值阅读

——《森林报·秋》一书以文中的趣事为例进行解读

故事简介

随着秋季的到来，森林中的动植物都做起了越冬的准备：候鸟即将辞别居所，踏上遥远旅途；走兽开始储备粮食，以免冬日饥寒；树木正在抖落残叶，将要沉睡一冬。都市里也发生了许多有趣的故事：喜鹊帮忙除草，燕鸥被套上脚环，鸟群飞向了不同地方……林中大战将在这个秋季告一段落，农庄为选择良种母鸡而忙碌起来。来自天南地北的电报络绎不绝，猎场上的惊心动魄也即将开始。

价值解读

1. 关于坚持

秋季是候鸟迁徙的季节。在迁徙过程中，鸟群会遇到许多未知的危险，要越过数千里的路程，要躲避猎人的袭击，要忍饥挨饿，要花费大量时间，最后，幸运的鸟儿才会抵达目的地。即使面对如此多未知的艰难险阻，它们依旧会在秋季准时踏上迁徙的征途。这份对目标的坚持让它们有可能活过这个冬季，迎来更美好的春天。

价值启示：候鸟的迁徙不仅是出于对生命的渴望，更传达了一种对目标坚持、不放弃的精神。困难并不可怕，可怕的是不能勇敢地面对困难，希望我们每一个人在面对困难和挫折时都能成为勇者。

2. 关于勤劳

在秋季这样丰收的季节里，少不了农庄的庄员们勤劳工作的身影，从候鸟离乡月的收割庄稼，获得粮食大丰收；到足储粮食月将牲畜赶进畜栏，开始播种；再到冬客临门月因出色的劳作而获得光荣称号，庄员们用勤劳创造着美好的生活，体会生活最本真的快乐。

价值启示：在《古今药石·续自警篇》中有这样一句话："民生在勤，勤则不匮，是勤可以免饥寒也。"这句话告诉我们：百姓的生计在于勤劳，勤劳就不会缺少物资，勤劳就可以避免饥饿与寒冷。我们只有用自己勤劳的双手去创造，生活才更有意义，人生才会更精彩！

△ 从广场上飞起来一群鸽子。这时，从伊萨基耶夫斯基大教堂的圆屋顶上突然飞下来一只大隼，向靠在最边缘的那只鸽子猛扑过去。瞬间，一大堆绒毛在空中乱舞。

△ 葛娜把一根胡萝卜立在她自己的脚旁一比，这根胡萝卜竟和她的小腿一般高！胡萝卜的上半截，和我们的巴掌一样宽。

△ 短尾野鼠特别起劲地搬运着食物。许多野鼠干脆在禾草垛里或粮食垛下安了家，每天夜里偷偷地把粮食运往过冬的洞里。

△ 都市那样的喧闹，野鸭们一点儿也不怕。甚至当黑色的蒸汽拖轮迎风破浪，将它的铁制船头径直冲向它们时，它们也不害怕。它们只需要往水里一钻，然后又在离原处几十米远的地方露出水面。

△ 一只肥胖、笨重的獾子，气急败坏地哼唧着，一跛一拐地朝自己的洞口走去。它心里
特别不痛快：森林里又泥泞，又潮湿。该钻到干燥、整洁的沙土洞里去了。该躺下来
睡懒觉了。

△ 从外地运来了一批棕黑色的狐狸。一大群人跑来向这批集体农庄的新居民表示欢迎。
   就连学龄前儿童也都跟着大人们来了。

全书导读

普通报纸上一般只刊登有关人的消息，那么，有没有一份关于飞禽走兽及昆虫如何生活的报纸呢？

著名科普作家维·比安基的代表作《森林报》，就是这样一份报纸。它也是一部描写大自然的经典儿童科普读物，是一部儿童森林百科全书，是一部让我们回归自然、培养科学爱好、增强环保意识的绝佳课外读物！

在《森林报·秋》中，作者用通讯的体裁，以及拟人化的语言、充满童趣的口吻，为我们讲述了秋天森林里动植物的变化，把动植物的生活描写得栩栩如生，引人入胜！作者还告诉了我们观察、思考和探究大自然的方法。全书根据月报形式编排，每月一期，把秋天分为三期。

如今，我们对大自然已经越来越陌生，甚至缺乏最基本的认识，而《森林报》会帮助我们走近大自然。用心阅读这本有趣的大自然之书，它不但会丰富我们对动植物的知识，而且能够让我们见识到秋天动植物丰富多彩的生活，更会让我们懂得应该尽心尽力地保护大自然。让我们走入秋天，去探寻大自然中的无穷奥秘吧！

3 个阅读要点

◎阅读全书，厘清按照森林历，秋季可以分为哪几个月，这样分有什么依据。

◎认真阅读，找出每个月份都有哪些动植物，印象深刻的有哪些。

◎阅读后谈谈你从文中收获了什么，再联系生活实际，谈谈你的体会。

2 个知识要点

◎作者巧妙地运用了比喻、拟人和想象的手法，使语言形象、生动。分别找出几个例句，试着运用这样的手法，把自己喜爱的动物或植物描述出来。

◎书中有些场面描写十分细致、生动，把这些场面描写找出来，并运用到平时的写作中。

1 个成长要点

◎通过阅读本书，我们能知道：只有善于观察的人，才会不断地充实自己，才会越来越熟悉大自然，并更加热爱大自然！在生活和学习中我们要善于观察、探究，勤于动脑、动手，这样，我们才能不断丰富自己的知识，从而不断成长。

目　录

CONTENTS

冬客临门月（秋季第三个月）

森林报

7

候鸟离乡月（秋季第一个月）

导读　　森林里的新闻并不比城市少，森林里也在不停地工作着。如果想知道的话，就让我们一起进入森林里秋季第一个月的有趣世界吧！

一年——分为12个月的太阳诗篇

9月，愁云惨雾。风越来越爱号叫，空中的乌云越来越密集。秋季的第一个月到来了。

和春天一样，秋天也有属于它自己的一份工作时间表。可是，和春天相反，秋天的工作是从空中开始的。树上的叶子开始慢慢变黄、变红、变褐——由于它们得不到充足的阳光，会立刻开始枯萎，很快丧失了它们原有的碧绿色彩。在叶柄通向树枝的那个部位，出现一个衰老的圆环。即使风和日丽，树叶也会飘落。突然，这儿落下一片红色的杨树叶，那儿又落下几片黄色的柳树叶，在空中翩翩起舞，又轻盈地在地面上滑过。（运用拟人的修辞手法将树叶飘落的样子描写得生动形象。）

当你清晨醒来的时候，会发现草地上有了白霜，你在日记里写道："秋天开始了！"从现在开始，说得确切些，从昨夜起，秋天就已经来到了。因为总是在黎明前下头一次霜。越来越多的枯叶从枝头飘落，到最后，刮起了专摘树叶的西风，这场风把整个森林的华丽夏装呼啸带去。

可爱的雨燕已无影无踪，家燕和在我们这一带的其他候鸟都成群结队，神不知鬼不觉地在夜里陆续出发，踏上遥远的旅程。空中越发空旷了。水失去了夏日的温和，越变越凉——已不适宜人们在河里洗澡了……

突然，像专为纪念那炎热的夏季一样——天气又转暖了。一连几天，都是云淡风轻，清爽宜人。宁静的空中飘着一根根长长的细蜘蛛丝，它们在阳光的照耀下泛着银光……田里可喜的新绿也在愉悦地闪耀着光芒。

村子里的人欣赏着秋天生机勃勃的农作物，满面笑容地说："夏老婆子又回来了。"（语言描写，突出了人们因看到秋天的收获而高兴的心情。）

森林里的居民们在为漫长的冬季做准备，它们把自己包裹得严严实实、暖暖和和，把那些未来的生命安全地隐藏起来，不再关怀照料，就这样一直持续到明年春天。

可是兔妈妈们觉得夏天还没有过去，怎么也安不下心来，因为它们又产下了小兔崽！这就是所谓的"落叶兔"。森林里长出了细柄的蘑菇。夏季真的过去了。

候鸟离乡月到来了。

和春天一样，森林给我们编辑部送来了一封封电报：天天有大事，时时有新闻。又像候鸟回乡月那样，鸟儿们开始大搬家——这一次是从北方搬往南方。

秋天就这样开始了。

森林里拍来的第四封电报

那些衣着华丽、色彩斑斓（灿烂多彩。斓，lán）的飞禽怎么都不见了呢？我们不知道它们是什么时候飞走的。也许它们是半夜里出发的吧。

许多鸟儿情愿在夜里飞行，因为那样会更安全。如果在白天，游隼（sǔn）、老鹰和别的猛禽会从森林里飞出来，在半路上伺机捕食！在黑夜里，这些猛禽不会去袭击它们，而候鸟们也能辨清方向，飞往南方。

一群群的水禽——野鸭、潜鸭、大雁、鹬（yù）等，出现在海上长途的飞行路线上。这些长有翅膀的游客在春天歇过脚的地方歇息。

森林里的树叶在变黄。这时候，兔妈妈又产下六只小兔崽，这是今年最后一窝小兔。我们叫它们"落叶兔"。

每天夜里，在海湾内的淤泥岸上，都被印上了一些小十字和小点子，也不知是谁的作品。这些小十字和小点子，遍布在淤泥上面。我们在这小海湾的岸上搭了一个小帐篷，想暗中探个明白：是谁那么淘气？

林中大事记

别离歌

　　白桦树上的叶子，越来越稀疏了。被主人们遗弃了很久的小房子——椋（liáng）鸟巢，孤零零地在光秃秃的树干上荡着秋千。

　　可是，不知从哪里突然又飞来两只椋鸟。雌椋鸟钻进巢里，一本正经地忙碌起来，雄椋鸟落在枝头左顾右盼地待了一会儿……然后唱起歌儿来！声音很低，像是唱给自己听一样。雄椋鸟的歌儿唱完了，雌椋鸟从巢里飞出来，夫妇俩匆匆忙忙向鸟群飞去。是时候了，是时候了——不在今天，就在明天，它们要踏上遥远的旅程了。今年夏天，它们在这所小房子里孵出了小雏，也许现在它们是来跟这小房子告别的，它们不会忘记这所小房子，因为明年春天它们还想到这儿住。

玻璃般的早晨

9月15日，天气炎热。

清早，我一如既往到花园里去，走到外面一看，高高的天空中没有一丝云彩，感觉有点儿凉意，乔木、灌木和青草间挂满了银色的细蜘蛛网。每张纤细的蜘蛛网中间都有一只小小的蜘蛛。

在两棵小云杉的树枝间有一只小蜘蛛织了一面银色的网，在寒露的衬托下，这张网像是用玻璃做成的，仿佛一碰就会哐啷一声碎掉。蜘蛛缩成了个很小的圆球儿，死僵僵的，一动不动。也许因为苍蝇还没飞出来，所以它正好休息，也说不定它被冻僵了。

我用手指头轻轻地碰了一下小蜘蛛，它没有抵抗，竟像一粒没有生命的小石子儿似的一下子掉了下来，落在地上的草里，我立刻跳起来，拔脚飞奔而去。

好一个小骗子！

不知道它还能不能找到这张网？还会不会回到这张网上？或者重新织一张新的蜘蛛网呢？织一张蜘蛛网，它得付出多少艰辛呀——得忙前忙后、来来回回跑多少趟，打结子、绕圈子，得耗费多少精力呀！

小露珠在纤细的小草上抖动着，像细长的眼睫毛上的泪珠似的闪烁着，散发出星火般的光芒并伴着一份喜悦。

开在最后的几朵小野菊花在路边奄拉着它们那花瓣做的裙子，等待着温暖的阳光把它们晒得暖起来。

在凉凉的、纯净的、仿佛是易碎的明镜般的空气中，无论是五色缤纷的树叶，还是被露水和蜘蛛网染成了银色的小草，或是在夏天从没有见过的那种极蓝极蓝的小河，都是那么漂亮、华丽，令人心旷神怡。我所能找到的最丑的东西，是一棵冠毛粘在一起而又残缺了一半的、湿漉漉的蒲公英。还有一只毛茸茸的灰蛾，它的脑袋七零八碎，也许是被鸟儿啄的吧。记得今年夏天，蒲公英的头上曾戴过成千上万顶小降落伞！那时的它是多么的神气！灰蛾呢，也曾经是毛茸茸的，光溜溜的小脑袋干干的！

我十分可怜它们的遭遇，于是把灰蛾放在蒲公英上，把它们拿在手里托了很久，让已升到森林上空的太阳能照射到它们。奇迹出现了，潮湿冰冷、只剩下一丝气息的灰蛾和蒲公英一点儿一点儿地苏醒过来了。蒲公英头上粘在一起的小降落伞干了，它恢复了以前的状态，变得白白的，轻飘飘地升了起来；灰蛾的翅膀从内部恢复了活力，变成青烟色的、毛茸茸的。这两个可怜的、残废的丑家伙也变得引人注目了。

一只黑琴鸡在森林角落低声地嘟哝着。

我走向灌木丛，想从灌木丛后偷偷溜到它身边，看看当它此时此刻回想起春天那些游戏时，如何悄悄地喃喃自语和"啾弗，啾弗"地叫唤。可我刚靠近灌木丛，那黑鸟便扑棱棱一声响，几乎从我的脚下飞了起来，那声音吓得我打了个冷战。

原来，它就在我跟前，我还以为它离我很远呢！

这时候，从远处传来了一阵吹喇叭似的鹤鸣声——一群鹤从森林上空飞过。

它们和我们道别了……

■森林通讯员　维利卡

游泳旅行

垂死的草在草地上无精打采地耷拉着脑袋。

鼎鼎大名的飞毛腿——秧鸡，此时也踏上了遥远的旅途。

矶（jī）凫（fú）和潜鸭出现在海上的长途飞行线上。它们潜到深水里去捉鱼，偶尔冲出水面振翅飞翔。它们就那么自由自在地在水里游着，游过纯净的湖泊和水湾。

它们甚至不需要像野鸭那样，还得先在水面上稍微抬身，然后再猛然钻进水里。它们的身体灵巧得很，只要把头一低，再用桨一般的脚蹼用力一划，就钻到深水里去了。矶凫和潜鸭在水底就感觉像在自己家里一样。没有一种猛禽能够在水下追逐到它们。它们游得真是太快了，甚至能追上鱼。

至于它们飞的本领，与那些飞得快的猛禽比起来相差甚远。所以它们何必冒险飞到空中去呢？只要是有江河湖泊的地方，它们就利用游泳来长途旅行。

林中大汉的决斗

傍晚，森林里传来嘶哑的短吼声。林中大汉——有犄角的大公驼鹿——从茂密的森林里走了出来。它们用暗哑的吼声向敌手挑衅（xìn），那声音仿佛是从内脏里发出来的。

战士们在空地上相逢。它们用蹄子使劲地刨着地，威风凛凛地晃动着笨重的犄角。它们的眼睛里布满血丝，相互猛扑，低下长有大犄角的头，犄角带着劈裂声和嘎嘎声相撞，交织在一起。它们用巨大而笨重的身躯猛撞对方，拼命想把对方的脖子扭断。

它们一会儿分开，一会儿又周旋在一块儿，一会儿把前身弯到地上，一会儿又用后腿站起来，用那笨重的犄角猛撞着。

笨重的犄角一相撞，森林里就会传来叮叮咚咚的声音。怪不得公驼鹿被人们叫作犁角兽，原来是有理由的：它们的犄角又宽又大，像犁似的。

被打败的公驼鹿，有的惊慌失措，从战场上逃走；有的受到无敌的大犄角的致命撞击，撞断了脖子倒在血泊里——这时候，战胜的公驼鹿就会用坚硬的蹄子无情地把它踢死。

于是，震撼的吼声又一次响彻森林，犁角兽吹起了胜利的"号角"。

一只没有犄角的母驼鹿在森林深处等候它。胜利的公驼鹿便成了这一带的主人。

它很霸道，不容许任何一只公驼鹿到它的领地上来。即使年轻的小驼鹿也不例外，一旦被发现，就会被赶得远远的。

它那嘶哑的吼声，像雷声一般传到周围很远的地方，几乎整个山林都被震动了。

最后一批浆果

沼泽地上喜人的蔓越橘成熟了。它们生长在草墩上，远远地就会瞧见青苔上的浆果，可是却看不见它们是生长在什么东西上。凑近一些才会发现，在青苔的"垫子"上，蔓延着一根根和绒一样细的茎。茎上生长着许多硬挺挺的小叶子。

这就是一整棵小灌木。

■尼·巴甫洛娃

各路齐飞

每天晚上都有一批长有翅膀的鸟儿踏上遥远的旅程。它们从容不迫地飞着，停歇的时间很长——跟春天那时截然不同。它们怎能愿意离开美丽的故乡呢？

飞走的次序与飞来时恰好相反：色彩艳丽的鸟儿先走；春天最早飞来的那些燕雀、百灵、鸥鸟最后出发。大多数的鸟儿是年轻的先飞。燕雀是雌的比雄的先飞走。那些身强体壮、吃苦耐劳的鸟儿，停留的时间久一些。

大部分的鸟儿直接飞向南方——飞往法国、意大利、西班牙，飞往地中海、非洲。有的鸟儿则向东飞：路过乌拉尔、西伯利亚，飞向印度；还有的甚至飞到了美国。就这样，它们飞过了几千千米的路程。

等待帮手

乔木、灌木和青草，都在忙忙碌碌地安顿后代。

槭树枝上挂下了一对对的翅果，有的已经裂开了。它们在等候秋风婆婆把它们吹落、传播到四面八方。

草们也在等待着风的到来：在飞帘似的长茎上，从干燥的花里，露出一串串美丽的、像蚕丝一样的灰色茸毛；香蒲的茎，长得特别高，甚至超过了沼泽地带的草，它的顶端

11

穿上了褐色的小"皮袄";山柳菊的毛茸茸的小球儿整装待发,准备在晴天的时候随风飘散。

还有许许多多别的草,小小果实上生着细毛——长的,短的,普普通通的,酷似羽毛状的。

收过庄稼的田地里和小路旁,还有沟旁的植物,它们不是在等风,而是在等待长有四条腿的动物和两条腿的人。在这些植物里,有牛蒡,它那长有小刺的干燥花盘里,装满了有棱角的种子;有金盏花,它那三角形的黑果实最爱戳过路人的袜子;还有带钩刺的猪殃殃,别看它的果实小,一旦钩住人的衣衫就不放,非得用一小块毛绒来揩,才能把它揩掉。

■尼·巴甫洛娃

秋天的蘑菇

森林里此时此刻真凄凉!光秃秃的,湿漉漉的,还散发着一股烂树叶的气味。唯一能给人带来安慰的,是一种洋口蘑,使人见了就感觉神清气爽。它们有的像一家人密集在树墩上,有的调皮地爬上了树干,有的散布在地上,仿佛有心事似的独自徘徊。

这洋口蘑看上去叫人舒服,采起来也叫人痛快。一会儿工夫就可以采一小篮。并且只采蕈(xùn)帽,专挑好的采哟！

小洋口蘑十分好看：它们的小伞还绷得紧紧的，好像孩子头上戴着的无檐小帽，脖子里围着一条白色的小围巾。过些日子，帽子边会翘起来，就像一顶真正的帽子；而围巾则会变成一条领子。

整个帽子上都是像烟丝一般的细小鳞片。很难确定它是什么颜色的，反正是一种叫人看了很惬（qiè）意的、宁静的淡褐色。小洋口蘑蕈帽下的蕈褶是白色的，而老洋口蘑的是浅黄色的。

你是否注意过：当把老蕈帽放到小蕈帽上去的时候，小蕈帽上就好像被敷了一层粉似的。你心想："莫非它们长霉了？"可是细想你会想起："这是孢子呀！"是的，这些粉状的东西原来是老蕈帽下面撒出来的孢子。

假如你想吃洋口蘑的话，那你就必须得了解它们的所有特征。市场上经常会有人把毒蕈错认作洋口蘑。有些毒蕈像洋口蘑一样，也生在树墩上。所不同的是，这些毒蕈的蕈帽下都找不到领子，蕈帽上也没有鳞片，而且蕈帽色彩鲜艳，有黄的，有粉红的，帽褶或是黄色的，或是淡绿色的。至于孢子嘛，则是乌黑的。

■尼·巴甫洛娃

森林里拍来的第五封电报

从埋伏的地方我们能看到，到底是谁在海湾沿岸的淤泥地上，印上了那些小十字和小点子。

原来是滨鹬的所作所为。

有着淤泥的小海湾，是滨鹬的小饭馆，它们在这儿歇息，顺便吃点儿东西。它们迈着大长腿在这软软的淤泥上来回走动，留下许多三个分得很开的脚趾印。它们把长嘴伸进淤泥里，从那里面啄出小虫来当早餐。长嘴每插过一个地方，就会留下一个小点子。

我们捕捉到一只鹳，整整一个夏季它都住在我们家房顶上。我们在它脚上套了一个很轻的金属环（铝制的）。环上刻着：Moskwa. Ornitolog. Komitet A.No.195（莫斯科。鸟类学研究委员会，A 组第 195 号）。后来，我们放掉了这只鹳，让它带着环飞走了。如果有人在它过冬的地方捉到它，我们就可以从报上得知，我们这地区的鹳冬天住在哪里。

森林里的树叶已变得五彩缤纷，飘飘悠悠地落下来。

■本报特约通讯员

城市新闻

野蛮的袭击

在列宁格勒的伊萨基耶夫斯基广场上，青天白日的，当着行人的面，上演了一出野蛮袭击戏。

从广场上飞起来一群鸽子。这时，从伊萨基耶夫斯基大教堂的圆屋顶上突然飞下来一只大隼，向靠在最边缘的那只鸽子猛扑过去。瞬间，一大堆绒毛在空中乱舞。

只见那群受惊的鸽子，都惊慌失措地藏到一幢大房子的屋顶下去了；大隼用脚爪抓住被它啄死的鸽子，费力地向大教堂的圆屋顶上飞去。

我们的城市上空，是大隼飞行的必经之路。这些长有翅膀的强盗，爱在教堂的圆屋顶和钟楼上筑造它们的强盗窝，因为从这里可以很方便地侦察猎物。

黑夜里的骚扰

在城郊，几乎每夜都会有骚扰声。

人们听见院子里闹哄哄的，就从床上下来，走到窗户那儿，把头伸出来往外看。怎么了？出了什么事？

院子里，家禽都在大声扑动翅膀，鹅咯咯地叫着，鸭子嘎嘎地闹着。是黄鼠狼来抓它们了吗？或许是一只狐狸钻进院子里来了？

可是，围墙是用石头围的，而房子的铁门又紧闭着，狐狸和黄鼠狼怎么会进来呢？

主人们在院子里环顾四周，又检查了一下家禽栏。一切正常，没有什么呀。有谁能偷偷从有着坚固的锁和门闩的大门中钻进来呢？也许是家禽做了噩梦吧！现在它们已经安静下来了，人们安心地回屋睡觉了。

可是约莫过了一个钟头，家禽又咯咯咯、嘎嘎嘎地吵闹起来了。惊慌、骚动，极为混乱。怎么了？又出了什么乱子？

你把窗户打开，躲在一旁听吧！在黑漆漆的天空中，星星一眨一眨地闪着金光，四周静悄悄的。

可是，过了一会儿，好像有一条神秘的影子，在上面掠过去了，影子接连不断，把天上的金色星星遮了起来。同时传来一阵轻轻的、时断时续的啸声，在高高的夜空里回荡着。

家鸭和家鹅全都被吵醒了。这些鸟儿好像早已忘记什么是自由，这会儿却由于莫名的冲动，在空中不停地扑着翅膀。它们踮起脚掌，伸长脖子，不停地叫，那声音又苦闷，又凄凉。

它们那些自由的野姊妹们，从高高的夜空里用召唤的声音回应它们。一群群有翅膀的旅行家，正在飞过石头房子、铁房顶。野鸭的翅膀发出扑棱棱的声音。大雁和雪雁用喉音你呼我应地叫着。

"咯！咯！咯！上道吧！上道吧！远离寒冷！远离饥饿！上道吧！上道吧！"

候鸟响亮的咯咯声消失在远处；而那些早已忘却怎样飞翔的家鸭和家鹅，依然在石头院子的角落里乱吵乱叫。

森林里拍来的第六封电报

寒冷的早霜降临了。

有些灌木的叶子，像被刀削过了似的。一片片的树叶仿佛雨点一般纷纷飘落。

蝴蝶、苍蝇、甲虫都各自找到了安身之处。

候鸟中的飞禽，匆匆忙忙飞过一片片丛林和小树林。它们早已饥肠辘辘了。

唯有鸫（dōng）鸟不抱怨没食物吃，它们成群结队地向熟透了的山梨飞扑过去。

寒风在光秃秃的森林里咆哮。树木都香甜地睡了，森林里再也听不到鸟儿快乐的歌唱了。

■本报特约通讯员

山 鼠

我们挑选马铃薯时，突然有一样东西在我们的牲畜栏里沙沙地钻动起来。接着跑来一条狗，在附近蹲下，用鼻子嗅了起来。可那小东西还是沙沙地钻动着。狗一边刨坑，一边汪汪地叫，因为那小东西正朝着它钻过来。狗刨了个小坑——已经可以看到小东西的头了。后来，狗又把坑挖大了一点儿，把那个小东西拖了出来。小东西不停地咬它。狗把小东西从自己身上扔了出去，就大声叫起来。小东西和小猫一般大，灰蓝的毛，带点儿黄、黑、白。我们把这种小动物叫作山鼠。

把蘑菇都忘了

9月，我和几个同学一起去树林里采蘑菇。我在那儿把4只榛鸡吓跑了。它们是灰色的，都是短短的脖子。

后来，我发现了一条死蛇，这条死蛇已经干了，挂在树墩上。在树墩上的小洞里有一样东西咝咝地叫，我猜想，那一定是个蛇洞，就赶紧逃开了那个令人毛骨悚然（形容很害怕的样子）的地方。

后来，当我走近沼泽地时，发现了我从来没见过的东西：从沼泽地上飞起的7只像绵羊似的鹤。以前我只在学校的图画书上看见过这样的鹤。

同伴们各自采了满满的一篮子蘑菇，只有我在树林里东奔西跑。到处有鸟儿飞来飞去，到处有鸟儿发出各种叫声。

我们回家的时候，路上跑过一只灰兔，它的脖子和后腿都是白的。

我从那棵有蛇洞的树墩旁边绕了过去。我们还看见一群群的雁，它们正从我们的村庄飞过，咯咯咯地大声叫着。

■森林通讯员　别兹美内依

喜　鹊

春天，农村里几个孩子很顽皮，他们捣毁了一个喜鹊巢。我从他们那儿买来一只小喜鹊。没想到只过了一天一夜，它就被驯服了。第二天，竟敢在我手里吃东西、喝水了。我们给这只喜鹊起了个名字叫"魔法师"。它对这个称呼已经听惯了，只要我们一叫"魔法师"，它就会答应。

喜鹊长齐翅膀以后，总喜欢飞到门上去，站在门框上。在门对面的厨房里，摆放着一张桌子。桌子上有一个可以拉出来的抽屉，里面总是放着一些食物。有时候，我们刚把抽屉拉开，喜鹊就会急忙从门上飞下来，钻到抽屉里去，抢着啄那里面的食物。当把它拖出来时，它还乱吵乱叫地不肯出来呢！

我去打水的时候，叫一声："'魔法师'，跟我来！"

它便落在我的肩膀上，跟我走了。

我们吃早点的时候，喜鹊总是最先张罗起来：一会儿抓糖，一会儿抓甜面包，有时候甚至还把爪子伸到滚烫的牛奶里去。

最逗人的是我在菜园的胡萝卜地里除草的时候。

"魔法师"蹲在垄上看我做什么。然后也学着我的样子拔垄上的草，把一根根绿茎拔起来，放一堆。它在帮我除草呢！

可是，它却弄不清应该拔什么——它把杂草和胡萝卜一块儿拔了出来。好个助手呀！

■森林通讯员　薇拉·米赫耶娃

躲的躲，藏的藏

天冷了，天冷了……

美好的夏天过去了……

血液都快要冻结了，动作变得懒洋洋的。总是觉得很困，想打瞌睡。

在池塘里住了一个夏天的长有尾巴的蝾螈，一次也没出来过。现在它爬上岸来，慢吞吞地爬到树林里去了。它找到一个腐烂的树墩，钻到树皮底下，在那里面蜷缩成一团。

青蛙却恰恰相反：它们从岸上跳进池塘，沉到池底，钻进了厚厚的淤泥里。蛇和蜥蜴藏到树根底下，使暖和和的青苔盖住自己的身体。鱼儿三五成群地挤在河川的水底深坑里。

蝴蝶、苍蝇、蚊虫、甲虫之类的，都钻到树皮裂口和墙壁缝里藏了起来。蚂蚁把所有的大门堵上了，把它们那高城的出入口，也全部封闭起来了。它们爬到高城的最深处去，彼此挨得紧紧的，挤作一堆，就这样一动也不动地入眠了。

饥饿的时候到了！饥饿的时候到了！

热血动物和飞禽走兽倒不太怕冷，只要有东西吃就可以：它们吃下去东西，身体里面就好像生上了火炉一样。可是，饥饿总是伴随着寒冷一同到来。

蝴蝶、苍蝇和蚊虫都躲起来了，蝙蝠找不到东西吃了。于是，蝙蝠也不得不躲起来——躲在树洞、石穴、岩缝里和阁楼屋顶上面，用它们的后爪抓住一种东西，头朝下倒挂着。它们用翅膀把自己的身体裹住，好像裹了一件斗篷似的——就这样入睡了。

青蛙、癞蛤蟆、蛇、蜥蜴、蜗牛，全部躲了起来。刺猬躲在树根下的草穴里。獾在洞里也不常露面了。

候鸟向越冬地飞去了

从天上看秋天

如果能从天上看看我们这辽阔的祖国大地,该有多好啊!秋天,乘坐热气球升到高空里——比屹立不动的森林还要高,比飘浮的云朵还要高——距离地面大概30千米吧!就是升到那么高,也还是看不到国土的边缘。但是,如果天空晴朗,没有云层遮蔽大地,视野是很开阔的。

从那么高的地方看去,会感觉我们的整个大地在移动:好像有什么东西在草原、森林、山丘和海洋的上面移动……

原来是鸟儿。数不清的鸟群。

我们这里的鸟儿,离开故乡,飞向过冬的地方。

当然,也有些鸟儿没有离开,像麻雀、鸽子、寒鸦、灰雀、黄雀、山雀、啄木鸟……许多种小鸟,都留下来了。所有的野雉——除了鹌鹑之外——也没有飞走,还有老鹰和大猫头鹰。可是这些猛禽,冬天在我们这儿也不干什么事——大多数鸟儿冬天都会从我们这儿离开。候鸟从夏末秋初就开始起身——最先飞走的,是春天最后飞来的那一批。就这样,断断续续整整一秋,直到河里的水结了冰为止。最后离开我们的,是春天最早飞来的那一批——秃鼻乌鸦、云雀、椋鸟、鸥、野鸭……

鸟儿往哪儿飞

你们认为鸟儿是从同温层飞向越冬地——所有的鸟群都是从北往南飞，是吧？其实不是。

不同种类的鸟儿，飞走的时间也不同，大多数鸟儿是在夜里飞，因为这样会比较安全。而且，并不是所有的鸟儿，都是从北方飞到南方去过冬。有些鸟儿，秋天从东往西飞。有些鸟儿正好相反——从西往东飞。我们这里有一些鸟儿，一直飞到北方去过冬！

我们当地的特约通讯员，有的给我们拍来了无线电报，有的利用无线电广播向我们汇报：什么鸟儿往哪儿飞；有翅膀的旅行家们在路上身体如何。

从西往东

红色的朱雀在鸟群里"喊，咿！喊，咿！"地闲谈。早在8月，它们就从波罗的海的海边、从列宁格勒州和诺夫哥罗德州开始了它们的旅行。它们不紧不慢地飞着：哪儿都有食物，足够它们吃喝，忙什么呢？又不是赶回故乡去筑巢和养育雏鸟！

我们看到它们飞过伏尔加河，飞过乌拉尔一座矮矮的山岭，现在看见它们在巴拉巴——西伯利亚西部的草原。

它们就这样每天向东飞，向东飞，向日出的方向飞。它们越过一片丛林飞到另一片丛林——巴拉巴草原上到处是桦树林。

它们尽可能在白天休息、吃东西，夜间飞行。虽然它们是成群结队地飞，并且群里每一只小鸟都留神望着四周，生怕遭到不幸，可是这种惨事还是不免发生——一个不留神，它们就会被老鹰捉去一两只。在西伯利亚，猛禽——雀鹰、燕隼、灰背隼之类的，实在太多。它们飞得快极了！像离弦的箭一般。当小鸟从一片丛林飞往另一片丛林的时候，被那些猛禽捉去的不计其数！夜里毕竟好一些——比起那些猛禽来，猫头鹰是较少的。

沙雀在西伯利亚拐弯——它们要飞过阿尔泰山脉、蒙古沙漠，飞到炎热的印度去过冬。在这艰难的途中，有多少可怜的小生命要丧生呀！

Φ-197357号铝环的简史

一位俄罗斯青年科学家，在我们这里的一只北极燕鸥（雏鸟）——一种腰身纤细的鸥的脚上，套了一只轻便的小金属环。环的号码是Φ-197357。这件事是在1955年7月5日发生的，地点是北极圈外白海边的干达拉克沙禁猎区。

同年7月底，雏鸟刚刚学会飞，成群结队的北极燕鸥就开始它们的冬季旅行了。一开始，它们往北飞——飞到白海海域；接着，往西飞——沿着科拉半岛北岸飞；后来，又往南飞——沿着挪威、英国、葡萄牙和整个非洲的海岸飞。它们绕过好望角，向东方进发——从大西洋向印度洋飞去。

1956 年 5 月 16 日，住在大洋洲西岸福利曼特勒城附近的一位澳大利亚科学家，捉住了这只脚戴 Φ-197357 号金属环的北极燕鸥。从干达拉克沙禁猎区到这里的直线距离，是 24 000 千米。

它的标本和脚上的金属环一同被保存在澳大利亚珀斯市动物园的博物馆里。

从东往西

每一年的夏天，奥涅加湖上都会孵化出大群黑色的野鸭和白色的鸥。秋天来到时，这些野鸭和鸥，就要向西，向日落的方向飞去。一群针尾鸭和一群鸥开始向越冬地飞去了。让我们乘坐飞机跟在它们后面吧！

你们听见一阵难听的啸声了吗？紧接着，是水的泼溅声、翅膀的扑棱声、野鸭惊天动地的嘎嘎声、鸥的鸣叫声……

这些针尾鸭和鸥，本来打算在林中湖泊上休息一会儿，哪知这时遇到一只迁移的游隼的袭击。它就像牧人的长鞭带着尖啸穿透空气一样，在飞到空中的野鸭背上一闪而过——它那最后一个趾头的爪非常锋利，就像一柄弯弯的小尖刀，它就用这只利爪，冲破了野鸭群。一只野鸭负伤了，长长的脖子像鞭子一样垂了下来，快要掉进湖中时，那动作神速的游隼，蓦地一个转身，一把从水面上抓住了它，用尖锐的嘴朝它后脑上一啄，就带去当午餐了。

这只游隼像瘟神一样跟着野鸭群。它从奥涅加湖和它们一同起飞，和它们一同飞过了列宁格勒、芬兰湾、拉脱维亚……它填饱肚子的时候，就蹲在岩石上或树上，漫不经心地望着鸥在水面上飞翔，野鸭在水上翻跟头，望着它们从水面上飞起，集合起来，继续向西——向着那个黄球似的太阳降落的地方——飞行。可是，当游隼的肚子一饿，它就会立刻飞快地赶上野鸭群，逮出一只野鸭来充饥。

它就这样紧紧地跟着野鸭群，沿着波罗的海北海岸飞行，跟着野鸭群飞过不列颠岛。我们的野鸭和鸥就在这里过冬，如果游隼喜欢的话，它就跟随别的野鸭群向南飞——向法国、意大利飞，越过地中海，飞向炎热的非洲。

向北，向北——飞向长夜漫漫的地区

多毛绵鸭——就是供给人类冬大衣的又轻又暖的鸭绒的那种野鸭——在白海的干达拉克沙禁猎区，平平安安地孵出了它们的小雏。那个禁猎区已经进行了多年保护绵鸭的工作。科学家们和大学生给绵鸭戴环——把很轻的带号码的金属环套在它们脚上，这是为了弄清楚绵鸭从禁猎区飞到哪里去过冬，有多少绵鸭回到禁猎区来，回到自己的老巢来，还为了弄清楚这些奇妙的鸟儿的其他生活细节。

现在已经知道了，绵鸭从禁猎区大概是一直向北飞——飞到长夜漫漫的北方，飞到北冰洋，那里有格陵兰海豹，还有白鲸在拖长声音大声叫唤。

不久，整个白海就被厚厚的一层冰覆盖起来，冬天绵鸭在这里找不到食物。在那里，在北方，水面一年四季不结冰，海豹和白鲸在那里捉鱼吃。

绵鸭在岩石上、水藻上啄水里的软体动物吃。这些来自北方的鸟儿，只要能填饱肚子就行了。天气严寒，周围一片汪洋、一片黑暗，它们也不用怕。它们的绵鸭绒冬大衣可以驱寒保暖，这是世界上最暖和的绒毛！况且那里空中还常常有北极光呢，有巨大的月亮和明亮的星星。那儿的太阳连续几个月不从海洋里探出头，又有什么关系呢？北极的野鸭还是会吃得饱饱的，觉得舒舒服服，在那儿快乐地度过漫长的北极冬夜。

候鸟搬家之谜

有的鸟儿一直向南飞，有的鸟儿向北飞，有的鸟儿向西飞，有的鸟儿向东飞，这是什么原因呢？

为什么有的鸟儿会等到冻冰、下雪、找不到东西可吃的时候，才离开我们？有的鸟儿（如雨燕）却每年在它们特定的时间离开我们？按照日历来说，那固定的日期是一天也不会错的，虽然在它们周围还有很多食物。

而主要的问题是：它们如何知道，秋天该往哪里飞？越冬地又在哪里？沿着怎样的路线往那儿飞？

这件事的确令人费解。比如说，在这里，在莫斯科或列宁格勒附近，从蛋里孵出一只雏鸟，而它却要飞到南非洲或印度去过冬。我们这儿有一种小游隼飞得很快，它从西伯利亚一直飞向天边——飞到澳大利亚去。在澳大利亚住一段时间，又飞回我们西伯利亚来，春天在我们这儿度过。

林中大战

（续完）

《森林报》的通讯员，找到这样一块地方——在那里，林木种族间的战争已经结束了。

那地方，就是我们的通讯员在旅行时最先到的云杉国度。他们采访到关于这场残酷战争的结束情况。

大批的云杉，在与白桦和白杨的搏战中死去。可是，最终还是云杉胜利了。

云杉比它们的对手年轻。白桦和白杨没有云杉的寿命长。白桦和白杨年老色衰了，就不能再像云杉那样迅速地生长。长得高过了对手的云杉，把毛茸茸的、可怕的大手掌伸到对手的头上，遮住了温暖的阳光，于是喜光的阔叶树开始枯萎。

云杉却不停地长呀，长呀，它们下面的树荫越来越浓密。它们下面的地窖越来越深，越来越暗。在那地窖里，凶残的苔藓、地衣、小蠹（dù）虫、木蠹蛾之类的，在等候着战败者。在那地窖里，等待战败者的将是死亡。

一年年地过去了。

自从原来那片阴沉沉的老云杉林被人伐光之后，已经过了 100 年。争夺那片空地的战争，持续了 100 年。如今，在那里，又耸立着同样的一座阴沉沉的老云杉林。

老云杉林里，听不见鸟儿的歌声，也找不到快乐小野兽的家。偶然出现的各种各样的绿色小植物，都难免逐渐枯萎，不久就会死在这阴森森的云杉国度里。

冬天到了——每年冬天，林木种族都要停战一段时间。树木入眠了，它们睡得比洞里的狗熊还要酣甜，好像睡死过去了一样。它们身体里的树液不再流动，它们不吃，也不再生长，只是神志不清地呼吸着。

仔细听听，周围一片寂静。

定睛一看——这是个遍布着战士尸体的战场。

我们的通讯员采访到这样的消息：今年冬天，这片阴森森的大云杉林将要被砍伐掉——按计划，人们将要在这里采集木材。

到了明年，这里将会变成一片新的荒漠——采伐迹地。在这里，林木种族将重新开始战争。

不过，这回我们可不准许云杉获胜了。我们将干涉这场可怕的、持续不断的战争，把这里没有的新林木种族，移植到采伐迹地上来。我们将关心、照料它们的生长，必要时，将在云杉篷顶上砍出几扇窗，使温暖的阳光照射进来。

那时，鸟儿将在这里一年四季唱快乐的歌儿给我们听。

和平树

近来，我校的同学们，号召莫斯科州拉缅斯科耶区的低年级同学们，每人在植树周栽种一棵象征和平的树。少年园艺工作者和成年园艺工作者承诺，帮助他们把和平树培养大。小朋友们快乐地学习、成长，他们的和平树将在校园里陪他们一起成长！

　　　　　　　■莫斯科州茹科夫斯基市第四小学全体学生

集体农庄生活

丰收的粮食收割完毕，田野空了。集体农庄庄员们和市民们已经在吃用新粮制成的馅儿饼和面包。

田里的峡谷和斜坡上，到处是亚麻。它们经受太阳暴晒，风吹雨淋。现在该把它们收集起来，搬到打谷场上，用力揉搓，然后剥下皮来。

孩子们已经开学一个月了。现在他们已不再参加田里的劳动。庄员们快要将马铃薯掘完了，或者把马铃薯运到车站卖了，或者在干燥的沙丘上挖坑，贮藏马铃薯。

菜园也变得空空的。庄员们将最后一批叶子卷得很紧的卷心菜运走了。

秋播的庄稼长出来了，绿油油的。这是庄员们在上次收割后又准备的新收成。灰山鹑已经不是一家家分别待在秋麦田里了，而是成群结队——每群有100来只呢！

打山鹑的季节即将结束。

沟壑的征服者

在我们田里，出现了一片沟壑。沟壑越来越大，扩散到集体农庄的田里来了。庄员们为了这件事都很紧张，我们这里的孩子们、少先队员们，也跟着大人们一起着急。在一次开队会时，我们专门讨论，可以怎样更好地和沟壑做斗争，怎样不让这些沟壑继续蔓延。我们晓得，为了这个，需要栽些树把沟壑围起来。这样树根攀住土壤，就能把沟壑的边缘和斜坡固定住。

队会是春天开的，而现在已经是秋天了。我们在专设的苗圃里，培育起来大批树苗——成千上万的白杨树苗、许许多多的藤蔓灌木和槐树。现在我们已经在移栽这些树苗了。

再过几年，乔木和灌木就能把沟壑的斜坡征服了。至于沟壑本身吗？我们将会永久地征服它。

■少先队大队委员会主席　柯里雅·阿加法诺夫

采集种子

9月，很多乔木和灌木都结了果实和种子。这时候最主要的，是多多地采集种子，把它们种在苗圃里，好绿化运河和新的池塘。

采集大量的乔木与灌木种子，最好是在它们刚成熟的时候，或者在它们完全成熟以前，在很短的时间里采完。特别是橡树、尖叶槭树和西伯利亚落叶松的种子，采起来一刻都不能耽误。

9月，开始采集的树木种子有野梨树的、苹果树的、西伯利亚苹果树的、红接骨木树的、皂荚树的、雪球花树的、马栗树和欧洲板栗树的、丁香树的、榛树的、狭叶胡秃子树的、沙棘树的、乌荆子树和野蔷薇的。一并采集的还有

克里木和高加索常见的山茱萸（zhūyú）的种子。

我们的主意

现在，我国人民都在从事一个大规模的美好事业——植树造林。

春天，我们过了3月12日的"植树节"。这一天，变成了一个真正的造林的节日。我们把树苗栽种在集体农庄的池塘周围，避免它被太阳晒干。为了巩固住那陡峭的河岸，我们在高高的河岸上也栽了树苗。我们把学校的运动场绿化了。这些树苗都成活了，在夏天长得很快。

现在，我们想出这样一个办法。

冬天，下雪了，雪把我们田里所有的道路都掩埋起来。每年冬天，我们都必须砍下整片的小云杉林，将这些小云

杉插到路边，让道路从雪地里区分出来，免得道路被大雪掩埋；有的地方，还需要用树立路标，免得行人在风雪中迷了路，陷在雪堆里。

我们想：为什么要每年砍掉这么多的小云杉呢？还不如在道路两旁栽上活的小云杉呢！这样不就一举两得了吗？让那些小云杉去生长、保护道路不被雪掩埋起来，并且成为指路标吧！

我们就这样做了。

我们在森林边缘挖了许多小云杉，用筐子把它们运到道路两边。

我们精心地给小云杉浇水，那些小树苗都欢天喜地地在新居生长起来。

■森林通讯员　万尼亚·札米亚青

集体农庄新闻

精心挑选母鸡

昨天，在突击队员集体农庄的养禽场，人们精挑细选出最好的母鸡，小心翼翼地用一块木板把母鸡赶到一个角落里，然后一只一只捉住，交给专家去鉴别。

专家的手里抓着一只母鸡，长长的小嘴、细长的身子，小小的冠子颜色淡淡的，两只蒙昽瞌睡的眼睛显得傻乎乎的，那眼神好像在说："你干吗打扰我呀？"

专家把这只母鸡交回去，说："我们不需要这种母鸡。"

后来，专家的手里又捉住一只大眼睛短嘴的小母鸡。它宽宽的脑袋，鲜花般的冠子歪在一边，两只眼睛亮晶晶的。母鸡一边拼命挣扎，一边乱叫，好像在说："撒手！快把我放开！不要赶我，不要抓我，不要打扰我捕食！你自己不挖蚯蚓吃，还不容许别人挖！"

专家说："这只不错！它会给我们下蛋的。"

原来母鸡也要选乐观活泼、精力充沛的，才会好好下蛋。

乔迁之喜

春天，小鲤鱼的妈妈在一个小池塘里产了卵。从卵里孵出 70 万条鱼苗。这个池塘里没有其他的鱼，就住着这一家子：70 万个兄弟姊妹。可是一个半星期过去了，它们成长着，已经觉得拥挤了，因此就游到夏季的大池塘里去住。鱼苗在那个池塘里长大了，秋天以前就不再叫作鱼苗，该叫鲤鱼了。

现在，小鲤鱼正打算搬到冬季的池塘里去住。过了冬天，它们就一岁了。

星期日

小学生们帮助朝霞集体农庄收获肉质根类作物：冬油菜、甜菜、芜菁、胡萝卜和香芹菜。孩子们看见芜菁比最大的小学生瓦吉克的头还要大。可是，最使他们惊奇的，是那庞大的胡萝卜。

葛娜把一根胡萝卜立在她自己的脚旁一比，这根胡萝卜竟和她的小腿一般高！胡萝卜的上半截，和我们的巴掌一样宽。

葛娜说："古时候，一定是用这种胡萝卜打仗，用芜菁来替代手榴弹打敌人，肉搏战的时候，嘭的一声，用这种

大胡萝卜朝敌人的脑袋上敲！"瓦吉克说："古时候，根本
不会培育这么大的根。"

偷蜂蜜的强盗

"把小偷关在瓶子里。"

这句话是红十月集体农庄的养蜂员说的。

那天，因为天气寒冷，养蜂员没有把蜜蜂放出蜂房。
黄蜂强盗们正在等待这个机会。它们飞到养蜂场来偷蜂房
里的蜂蜜。可是，当它们飞到蜂房附近时，就闻到一阵蜂
蜜味，发现养蜂场上摆着一些装蜂蜜水的瓶子。于是，黄
蜂就改变了主意，不想到蜂房里去偷蜂蜜了。也许它们认
为从瓶子里偷蜂蜜，比较文明些，而且比从蜂房里偷安全
些吧。

它们钻进瓶子里去试探，可是却中了圈套——淹死在
蜂蜜水里了。

■尼·巴甫洛娃

打 猎

被骗的琴鸡

快到秋天的时候，琴鸡集合成一大群一大群的。群里有硬翅膀的黑色雄琴鸡，有浅棕黄色带斑点的雌琴鸡，还有年轻的琴鸡。

琴鸡群乱哄哄地飞到浆果树丛里来了。

它们在地上疏散开来。有啄坚硬的红越橘的，有用脚爪刨开草，把碎石和细沙吞进肚里的。碎石和细沙可以把它们嗉囊和胃里较硬的食物磨碎，帮助消化。

不知是谁在干枯的落叶堆上快速地行走，发出沙沙的声音。

琴鸡都警惕地抬起头来。

一只北极犬向这边跑来，它在树木间一闪而过，两只尖尖的耳朵直竖着。

有的琴鸡不得不飞上树枝，有的则躲在草丛里。

那只北极犬在浆果树丛里乱闯了一阵子，琴鸡被统统吓跑了。

后来，它蹲在树底下，选中了一只琴鸡，眼睛直勾勾地看着它，汪汪地叫起来。

琴鸡也瞪着圆圆的小眼睛瞅着它。过了一会儿，琴鸡在树上待得不耐烦，就在树枝上走来走去，还不时地回过头来看北极犬。

令人讨厌的家伙！干吗老待在这儿不走！肚子饿了呀……它快点儿离开吧！等它跑开了，又可以飞下去啄好吃的浆果了……

突然乒的一枪——一只死琴鸡从树上掉了下来，原来当它在那儿看北极犬的时候，猎人悄悄走了过来，趁它不注意，一枪把它打了下来。其他的琴鸡把翅膀扑得很响，向上飞起，飞过森林的上空，它们要离猎人远远的。林中空地和小树在下面闪过。该在哪里歇脚呢？这里会不会也藏着猎人？

有三只黑琴鸡落在白桦林边光秃秃的树顶上。在这里也许很安全——如果白桦林里有人的话，那三只黑琴鸡是绝不会这样安安稳稳地待着不动的。

琴鸡群越飞越低——终于嘈杂地落在树顶上。原来蹲在树顶上的三只琴鸡，连转头看都没看一眼——它们像树墩一样呆呆地蹲在树上。新来的琴鸡仔细地对它们打量了一番。是三只地地道道的琴鸡——漆黑的羽毛，鲜红的眉毛，翅膀上有白斑，尾巴分叉，一对小眼睛乌黑闪亮。

一切都十分正常。

乒！乒！哪儿来的枪声？又发生了什么事？为什么有两只新来的琴鸡从树枝上摔下去了？

瞬时，树顶上空弥漫起一阵轻飘飘的烟雾，一会儿工夫，就消散了。可是原来那三只琴鸡，依然像刚才那样蹲着不动。新来的琴鸡群也待在树枝上，瞧着它们。下面一个人也没有，为什么要飞走呢？！

新来的琴鸡在树枝上左顾右盼，打量了一会儿周围，就安下心来。

乒！乒……

一只雄琴鸡像一团泥似的从树上掉下来；另外一只向树顶上空蹿了出去，随后也掉了下来。琴鸡群从树上惊慌失措地飞起来，在那只受了致命伤的琴鸡从高空跌落以前，就逃得没了踪影。只有原来那三只琴鸡，还像刚才那样，在树顶上待着，一动也不动。

后来，从一间隐蔽的棚子里，走出一个带枪的人，他把死琴鸡捡起来，然后把枪往树上一靠，爬到白桦树上去了。

白桦树顶上的那三只琴鸡沉思地凝视着森林的某个地方。原来这三只一动也不动的琴鸡，是用黑绒布块做的。而琴鸡的黑眼睛，都是小黑玻璃珠子。只有嘴，是真正的琴鸡嘴，还有分叉的尾巴，是用真正的羽毛做成的。

猎人取下一只假琴鸡，从这棵白桦树上爬了下来，然后又爬上另一棵树去取另外两只假琴鸡。

在远处，那些胆战心惊的琴鸡，正在飞过一座森林。它们仔细瞧看每一棵树和每一棵灌木，心里充满着怀疑——在哪儿还会碰到新的危险？上哪儿去躲避这个诡计多端的猎人呢？你永远也无法预料，他会用什么办法来暗算你……

好奇的雁

每一个猎人都知道，雁生性好奇。而且猎人还知道：雁比任何鸟儿都要谨慎。

一大群雁在距离河岸一千米的浅沙滩上待着。那里，人无法走过去，也爬不过去，坐车也过不去。雁把头藏在翅膀下，一只脚缩起来，安安稳稳地睡大觉。

有什么可怕的呢？它们有步哨！在这一群雁的每一边，都站着一只老雁。老雁不睡觉，连瞌睡也不打，它们全神贯注地瞅着四周。在这种情况下，你倒试试看，用什么法子攻击？怎样给它们来个措手不及？

岸上来了一只小狗。那些放哨的老雁，马上伸长脖子，瞧这只狗有何企图。

狗在岸上跑来跑去，一会儿跑到这边，一会儿又窜到那边，好像在沙滩上捡些什么。它连看都不看这些雁一眼。

没有什么可疑的地方。不过，奇怪的是，这只狗干吗在那儿跑来跑去呢？得走近去探个明白才好……

一个步哨摇摇摆摆地走到水里游起来了。轻微的波浪声，又惊扰了三四只雁。它们也看见了小狗，因此也向岸边游去了。

快游到岸边时才看见，原来岸上的一块大石头后面，有一些面包团儿掉在沙滩上，而且这边也有，那边也有。狗摇着尾巴，扑上去来回地捡面包团儿。

怎么会有面包团儿呢？

是谁待在石头后面？

几只雁越游越近，游到了岸边，它们拼命地伸长脖子想探个究竟……可是，它们好奇的小脑袋，却被从石头后跳出的一个猎人，用万无一失的枪法打落到水里去了。

六条腿的马

雁在田里狼吞虎咽地吃着。它们成群结队地在那儿吃，步哨们站在四周。无论是人还是狗，它们都不准许走到跟前去。

远处田野里有几匹马在走来走去。雁才不怕它们呢！谁都知道，马是一种吃草的动物，而且性情温和，是不会来侵犯飞禽的。有一匹马，一边拣着又短又硬的残穗吃，一边向雁群这边走了过来，越走越近。没关系，就是等它走到跟前再飞也来得及。

这匹马可真奇怪，它竟然有六条腿。真是个怪物……有四条是普通的腿，另外两条腿却穿着裤子。

担任步哨的雁，咯咯咯地叫起来。群里的雁都警惕地抬起头来。

怪马朝雁群慢慢地走过来。

步哨立刻鼓起翅膀，飞过去侦察。

它从空中看见：马后面竟然躲着一个人，那个人手里还拿着枪呢！

"咯咯咯！快逃命呀！快逃命呀！"侦察员发出信号叫雁逃走。整群雁一下子鼓起了翅膀，沉甸甸地飞离了地面。

沮丧的猎人在它们后面一连开了两枪。没用了，它们早已飞远了，霰弹没有打到它们。

雁群完全脱离了危险。

应　战

每天晚上的时候，森林里就会发出驼鹿战斗的号角声。

"豁出命的，出来厮杀吧！"

在那长着青苔的兽穴里站起来了一只老驼鹿。它宽阔的犄角分成 13 支，身长约 2 米，体重大概有 400 千克。

谁敢向这林中的一级大力士挑战呢？

老驼鹿把那又笨又重的蹄子，深深地踩在湿淋淋的青苔里，气势汹汹地赶过去应战，连挡路的小树都被踏断了。

敌手战斗的号角声又一次传来。

老驼鹿用可怕的吼声回应。这吼声太可怕了——吓得琴鸡群匆匆地从白桦树上逃走了，吓得胆小的兔子从地上一跳老高，拼命冲到密林里去。

"看谁敢……"

它的眼睛里满布血丝，也不去管道路在哪儿，迎面向敌手冲了过去。森林渐渐稀疏，冲到了一片林中空地……原来在这里呀！

它从树后用力向前冲去——想用犄角撞，想用笨重的身体把敌手压倒，然后再用锋利的蹄子把敌手踩个稀巴烂。

直到听见了枪声，老驼鹿才发现，一棵树后有个人，那人拿着枪，腰里还挂着一个大喇叭。

老驼鹿拔脚往密林里逃，它软弱的身体摇摇晃晃，身上的伤口不停地流着血。

猎兔开禁了

猎人们出发了

和往年一样，10 月 15 日，报上刊登猎兔开禁了。

又跟 8 月初一样，大批的猎人把车站挤得满满的。他们还带着猎犬，有的人用链子牵着两只，有的还不止两只。可是，那些猎犬已经不是猎人们夏天打猎时带去的了——已经不是那些有卷曲长毛的猎犬了。

这是一些膘肥体壮的猎狗，腿又长又直，沉甸甸的脑袋，外带一张狼嘴似的大嘴，身上长着各种颜色的粗毛：黑的，灰的，褐色的，黄色的，还有火红色的；有带黑斑纹的，有带火红斑纹的，有带褐色斑纹的，有带黄斑纹的；还有火红色上面带一大片马鞍似的黑毛的。

这些雌的或雄的猎狗都是特种的。它们的任务是按兽迹追踪，把野兽从洞穴里撵出来，一面追赶，一面汪汪地大声叫，以便让猎人知道，野兽在怎样走，兜着怎样的圈子，因此，猎人就可以站在野兽将要走过的路上，对野兽进行迎面射击了。

在城市里要想养活这些粗野的大猎狗很不容易。大多数人根本没有狗可带。我们这一伙人也没带。

我们去找塞索伊奇参加围猎兔子。

我们共 12 个人，占了车厢的 3 小间，所有的旅客都惊奇地打量着我们的一个同伴，他们交头接耳地微笑着。

也确实有看头，我们的这位同伴是个大胖子，他的体重是 150 千克，胖得连门都走不进。

他不是猎人，医生建议他多出去散散步，锻炼锻炼身体。可他倒是个射击能手，打起靶来，我们都不如他。他为了散步时找点儿乐趣，就决定试试跟我们一块儿去打猎。

围　猎

天黑了，塞索伊奇在森林区的一个小车站迎接我们。我们在他家住了下来。第二天天刚亮，我们这热热闹闹的一大伙人，就出发去打猎——塞索伊奇找了 12 个集体农庄庄员，来担任围猎呐喊人，好给我们助威。

我们停在森林边上。我在纸头上写了号码，折成小卷儿，丢在帽子里，我们 12 个射击手每人拿了一个小纸卷儿，谁抽到第几号，谁就站在第几号位置上。

围猎呐喊人全都走到森林外面去了。塞索伊奇按照各人的号码，在宽阔的林间路上，指定我们站的地方。

我抽的是 6 号，我们的胖子抽的是 7 号。塞索伊奇告诉我站的位置后，就把围猎的规矩教给这位新手，叮嘱他：千万不能沿狙击线开枪，那样就会打到旁边的人；当围猎呐喊人的声音迫近时，要停止射击，不可以伤害雌鹿，要等待信号。

大胖子和我隔 60 步远。猎兔与猎熊可不同，猎熊时，射击手和射击手之间，可以隔 150 步远。塞索伊奇在狙击线上毫不客气地管教不守规矩的人，我听见他在教导大胖子：

"您往灌木丛里钻干吗？像这样，开枪可不方便。您跟灌木并排站着，就这样站着，兔子是瞧下面的。说句不好听的，您的腿好像两根大木头，您如果把腿拉开点儿，兔子会把您的腿当树墩的。"

塞索伊奇把所有的射击手都安排妥当以后，就骑上马，到森林外面去布置围猎的人。

还得等很长时间，围猎才开始呢。我打量着四周。

在我的面前，离我大概40步路，耸立着一棵棵光秃秃的赤杨和白杨，还有叶子已经落了一半的白桦，以及 还夹杂着许许多多黑黝黝、毛蓬蓬的云杉，仿佛一堵墙似的。也许过一会儿，从森林深处，穿过这些由数不清的树干混合而成的林子，就会有兔子冲我这儿跑来，还会有琴鸡飞出来。假如运气好的话，也许还会有带翅膀的林中大汉——大松鸡——大驾光临。我肯定会打中一样儿。

时间过得太慢了，每一分钟都慢得像蜗牛爬似的。也不知道大胖子感觉怎么样。

他的腿轮换着，也许他想把腿拉开得更像树墩一些……

突然，从寂静的森林外，传来了两阵又长又响的打猎的号角声：这是塞索伊奇督促围猎呐喊队向前。号角声就是让他们向我们进发的信号。

大胖子举起粗壮的胳膊，双筒枪到他的手里，就好比一根手杖。他就这样钢铁一般地站着，一动也不动。

真是个怪人！准备那么早——胳膊会发酸的。

还没听见呐喊的声音。

就已经开枪了——沿着狙击线，先从右面打了一枪，接着又从左面打了两枪。其他的人都开始射击了。只有我还没开枪呢！

大胖子也用双筒枪发射了——乒，乒！他在打琴鸡，可是速度太慢了，琴鸡高高地飞走了，他白浪费了子弹。

现在能听见围猎呐喊人微微的呼应声和手杖敲击树干的声音。两侧传来了赶鸟器的声音……可仍然没有什么东西向我这里跑过来！

好不容易来了！在树干后面掠过一个白里带灰的东西，原来是一只还没换完毛的白兔。

哎，它是我的！嘿，小家伙，拐弯了！冲大胖子窜过去了……哎，大胖子，你别那么慢腾腾的，赶快开枪呀！开枪！

乒乒！没打中……白兔还是向他冲了过去。

乒乒！

从兔子身上飞起一团灰白的东西。被吓得半死的小兔子，从那树墩似的两条腿当中窜了过去。大胖子立马把两腿一夹……

竟然有人用腿来捉兔子？

白兔机敏地滑了过去。而大胖子那庞大的身体却整个儿扑倒在地上。

我笑得上气不接下气，眼泪都笑出来了。透过泪水，我看见有两只白兔，一起从森林里窜到我的面前，可是我却不能开枪，因为兔子是沿狙击线逃跑的。

大胖子好不容易站了起来。他把他的大手伸过来给我看，只见他的手上有一团白色的兔毛。

我对他喊道："没事吗？"

"没关系，好歹把兔子的尾巴尖给夹下来了。尾巴尖哟！"

这人真怪！

射击停止了。呐喊的人都从森林里跑出来，向大胖子走了过去。"叔叔，你是不是神父呢？""一定是个神父！你瞧他那个大肚子！""胖得都有点儿叫人不相信了！肯定是衣服里塞满了野味，才这么胖的。"

可怜的射击手呀！在城里，在我们的打靶场上，没人相信有这样的事情！

这时，塞索伊奇已在催我们到田野里去进行新的围猎。

我们这一大群人，又热热闹闹地沿着林中路往回走。一辆大车载着猎获物，跟在我们的后面，大胖子也气喘吁吁地坐在大车上，他实在是太累了。

猎人们对这可怜虫一点儿都不留情，冷嘲热讽像雨点儿似的向他洒来。

突然，从道路拐角后面的森林上空，出现了一只黑色的大鸟，足有两只琴鸡那么大。它从我们面前沿着道路飞了过去。

大伙儿都赶忙端起枪，激烈的射击声响彻了整个森林。每一个人都急急忙忙地开枪，谁都想打中这难得的猎物。

黑鸟不停地飞着，它已经飞到大车的上空了。

大胖子也端起枪，依旧坐着。双筒枪在他粗壮的胳膊上，显得像根小手杖似的。他开枪了。

大伙儿都看见：大黑鸟就像只假鸟一样，在空中把翅膀一跌，一下子停止了飞行，像块砖头似的从空中落到道路上。

"好，真利索！"一个集体农庄庄员说，"看起来的确是个神枪手呀！"

我们这些猎人都惭愧地不吭声，大家不是都放枪来着吗！大家都看见了……

大胖子走过去把这林中有胡子的老雄松鸡拾起来，它比兔子还要沉呢。他拾起的这只沉甸甸的野禽，是我们每一个人都愿意用今天自己所有的猎获物来交换的。

谁都不再嘲笑大胖子了。甚至连他怎样用腿捉兔子，大家也遗忘了。

■本报特约通讯员

东西南北

无线电通报

注意！注意！

这里是列宁格勒州《森林报》编辑部。

今天是 9 月 22 日，是秋分。我们用无线电继续报告我国各地的情况。

苔原、原始森林、草原和海洋，大家请注意！

请你们说说，你们那里是什么情况？

喂！喂！

我们是雅马尔半岛苔原

这里什么都结束了。夏天，曾经是鸟儿集市的岩石上，再也听不见鸟叫声和鸟啸声了。娇小玲珑的飞禽从我们这里飞走了；雁、野鸭、鸥、乌鸦什么的也都飞走了。到处静悄悄的。偶尔会从林中传来一阵可怕的骨头相撞的声音：这是雄鹿在用角搏斗。

8月，早晨就开始寒冷了。现在水都结了冰。捕鱼的帆船和机动船早已开走了。轮船耽搁了几天，就被冰封住了，所以现在在坚固的冰原上，笨重的破冰船正在费劲儿地为它们开出一条路。

白昼变得越来越短。漫漫长夜，又黑又冷。空中飞舞着白色的苍蝇。

我们是乌拉尔原始森林

这里正忙着迎送客人，迎来送往。我们在迎接从北方，从苔原到这儿来的飞禽。它们只是从我们这儿路过，停留的时间并不长：今天来一群鸟儿，休息片刻，吃了些东西；明天你再去瞧，它们已经不在了——它们在半夜里不慌不忙地向远方飞去了。

我们正欢送在这里过夏的鸟儿。这儿的候鸟，大多数已经踏上了遥远的旅程，去追寻那离我们遥远的阳光，到气候温和的地方去过冬。

风从白桦、白杨和花楸（qiū）树上拽拉着枯黄的、发红的叶子；落叶松变成了金黄的颜色，昔日柔软的针叶现在变粗糙了。每晚，都有一些身体笨重的、长有胡子的林中雄松鸡，到落叶松的树枝上停歇。它们是乌黑乌黑的，蹲在金黄色针叶间，正用这些针叶填饱它们的肚子。榛鸡在黑森森的云杉间细声叫着。这里还有许多红胸脯的雄灰雀、

淡灰色的雌灰雀、深红色的松雀、红脑袋的朱顶雀和角百
灵。这些从北方飞来的鸟儿不再往南飞了——它们觉得这
里也很好。

田野变得一片荒芜，在晴朗的白天，细长的蜘蛛丝被
稍微能感觉得到的微风吹动着，在空旷的田野上空飞翔。
这里，那里，还有最后一批盛开的三色堇（jǐn）。在桃叶卫
矛的灌木丛上，挂着数不清的美丽的小果实，鲜红鲜红的，
像中国的小灯笼似的。

我们快把马铃薯挖完了，菜园里正在收割最后一批蔬
菜——卷心菜。我们把菜窖储存得满满的，为过冬做好了
准备。我们还在原始森林采集杉松的坚果。

小野兽们也不甘落后。有一条细小尾巴、背上有五道
显眼的黑条纹的地上小鼠——金花鼠——把许许多多杉松
坚果拉到树墩下去了，还在菜园里偷了一些葵花子，把它
的仓库塞得满满的。棕红色的松鼠，在树枝上为自己晾晒
蘑菇。它们正在换衣服——穿上了淡蓝色的"皮大衣"。林
中的长尾鼠、短尾野鼠和水老鼠，都在用各种各样的谷粒，
将它们的仓库填满。林中有斑点的乌鸦、星鸦也在忙着把
坚果搬运到树洞里或树根底下，预备闹饥荒的时候吃。

熊给自己找好一块地方做家，它正在用脚爪撕云杉树
皮做被褥呢。

大家都在为过冬做准备，大家都在辛勤地工作。

我们是沙漠

我们这里正在过节——这里又像春天一样，充满着生机。

难忍的暑热消退了，雨淅淅沥沥地下个不停。空气是那么清新，天空是那么明朗，远处景物的轮廓分明。草又发绿了。以前躲避夏日炎热的动物又出现了。

甲虫、蚂蚁和蜘蛛都从土里钻了出来。细爪的金花鼠，从深洞里钻了出来；跳鼠拖着一根长长的尾巴，像小袋鼠似的跳来跳去。夏眠醒来的巨蟒，又在猎捕它们了。不知从哪儿来了一些猫头鹰、草原狐（鞑靼狐）和沙漠猫。快腿的羚羊、黑尾羚羊、弯鼻羚羊飞奔着。鸟儿又飞回来了。

这里好像不是沙漠了，因为这里又像春天一样，处处是绿颜色，处处有生命。

我们继续在沙地上旅行。

这里将要铺上几千公顷的防护林。森林将保护田野，不让田野遭遇沙漠热风的吹袭，而且我们还要进一步征服沙漠。

高耸入云的帕米尔山峰

这里高极了，有的山峰甚至超过 7 千米，直插在云霄里。

在同一时间，我们这里既可以看到夏天，也可以看到冬天：山下是夏天，山上是冬天。

可是，如今秋天来了。冬天开始从山顶上的云端下降，把生命从山顶往下赶。

首先离开的是一种野山羊——山里的野羊。夏天住在寒冷的悬崖峭壁上，现在它们下山了，因为那里的雪把所有的植物都埋起来冻死了，它们找不到东西可吃了。

山上的绵羊也开始从山上下来，离开它们的牧场。

夏天，在高山草场上还看到许多肥大的土拨鼠，可现在它们都没了踪迹。它们贮足了过冬的食物，把自己养得肥头大耳，现在躲在地洞里，用草做的硬塞子把入口堵得严严的。

公鹿和母鹿都顺着山坡下来了。野猪在胡桃树、阿月浑子树和野杏树的丛林里生活着。

在溪谷里、深谷里，突然出现了一些鸟儿，这些鸟儿在夏天从来没见过：角百灵、烟灰色的草地鹨、红背鸲、神秘的蓝鸟——山鸫。

现在，鸟儿成群结队地从遥远的北方飞到我们这温暖的地方来了，因为这儿有许许多多的食物。

现在，在山下面，时常下雨。随着一场场的秋雨，我们知道冬天离我们越来越近了——这时候，也许山上在下雪呢！

人们正在田里摘棉花，在果园里采各种各样的水果，在山坡上采胡桃。

山顶的道路上，早已铺满了积雪，无法通行了。

我们是乌克兰草原

在被太阳晒焦的平坦草原上，有许多活泼的小球儿在飞跑、跳跃。它们飞到人跟前，把人包围了起来，飞扑到人的脚上，可是人一点儿也不觉得痛：因为它们太轻了。实际上它们根本不是什么球儿，而是一团圆圆的干草枯茎，草端和茎尖向四处翘着。现在轻轻的草团儿越过了土丘和石头，向小丘后面飞去。

是风姑娘把一簇簇成熟的风卷球连根拔起，把它们像推着轮子似的满草原上推着跑，它们也就趁此机会，一路撒播种子，传播后代。

热风在草原上游荡的日子快要到头了。苏联人民创造的森林带可以保卫田地了。这些护田林带将挽救我们的收成，不让旱灾把我们的劳动成果毁掉。灌溉渠已经跟伏尔加河接通了。

现在我们这里，正是打猎的大好时机。沼泽地的各种野禽和水禽——有本地的，也有路过的，成群地拥集在草原湖的芦苇中。一群群肥胖的小鹌鹑聚集在小峡谷里和没有割过草的地方。草原上的兔子真多呀！全是有棕红色斑点的大灰兔，没有白兔。狐狸和狼也非常多！你乐意用枪打，就用枪打吧！你乐意放猎狗去捉，就放猎狗去捉吧！

在城里的市场上，西瓜、香瓜、苹果、梨、李子……堆成了一座座小山。

喂！喂！

我们是大海洋

我们沿着北冰洋的冰原航行，经过亚洲和美洲之间的海峡，驶入了太平洋。在白令海峡里，我们常常遇到鲸；接着，在鄂霍次克海，我们也常常遇到鲸。

真想不到世界上竟然有这样惊人的野兽！你想想看，它们的个头儿有多大，身体有多重，它们的力气有多大吧！

我们看到一条鲸——也许是露脊鲸，也许是鲯鲸。这条鲸的身长有 21 米。如果把一头头大象首尾相接地放到它身上，可以放上 6 头大象！它那宽敞的大嘴可以容纳一艘木船。

单是它的一颗心脏，就有 148 千克重，跟两位成年叔叔加在一起的体重差不多。它整个身体的重量是 55000 千克，也就是 55 吨重！

如果做一架巨大的天平，把这条鲸放在左边天平盘里，那么，为了使两个天平盘保持平衡，右边的天平盘里得站上男女老少 1000 人——也许站上那么多的人还不够呢。况且这还不算是最大的鲸，有一种蓝鲸，身长是 33 米，有

100 多吨重……

在白令海峡附近，我们看见了这里的海狗；在铜岛附近，我们看见了一些大海獭，它们正带着小海獭玩耍呢。以前，那些日本强盗和俄国沙皇强盗们快要把它们杀尽了，后来政府制定法律严格保护，才使这里的海獭数目与日俱增。

在堪察加的岸边，我们看见了一些巨大的北海狮，它们大概与海象一般大。

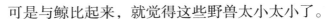

可是与鲸比起来，就觉得这些野兽太小太小了。

现在是秋天，鲸都离开我们游到热带的温水里去了。它们将在那里繁育后代。来年，鲸妈妈将要带着它们的孩子，游到我们这里来，游到太平洋和北冰洋的海水里来。而这些吃奶的鲸宝宝们，个儿比两头牛还要大呢。

我们和全国各地的无线电通报，就在这里说再见了。

下一次通报，也是最后一次通报，将在 12 月 22 日进行。

打靶场

第七次竞赛

1. 按日历来说，从哪一天开始就是秋天了？

2. 秋天落叶的时候，哪一种动物还生小宝宝？

3. 秋天到了，哪些树木的叶子会变成红色？

4. 是不是我们这里所有的候鸟，到了秋天都要到南方去过冬？

5. 我们管老驼鹿叫"犁角兽"的原因是什么？

6. 在森林里和草场上，集体农庄庄员们把干草垛圈起来，是为了防备哪些野兽？

7. 什么鸟儿，春天咕咕地叫着，像是在说："我要买件大褂。"

8. 两种不同的鸟儿，一种是住在树上的，一种是住在地上的。怎样从脚印分辨出哪一种鸟儿是住在哪儿的？

9. 什么时候对鸟儿开枪比较可靠？是当鸟儿朝射手飞

来时，还是当鸟儿逃走的时候？

10. 如果乌鸦在森林某地的上空绕着圈儿呱呱地叫着，这代表着什么？

11. 为什么好猎人从来不对雌琴鸡和雌松鸡下毒手？

12. 到了秋天，蝴蝶都要飞到哪里去？

13. 太阳落山以后，猎人侦察野鸭时，他面朝哪个方向站着？

14. 人们在什么情况下责骂鸟儿说："飞到海外去寻死啦？"

15. 今年把它土里埋，明年钻出变了样。（谜语）

16. 马儿离开大陆到海外，背上像黑貂，肚皮白又白。（谜语）

17. 长着的时候发绿，飞着的时候变黄，落下的时候变黑。（谜语）

18. 又长又细的身体往下坠，掉在草里却爬不起。（谜语）

19. 灰灰的一个小东西，厉害的牙齿，在野外寻东找西，寻小牛，找小孩儿。（谜语）

20. 小小贼儿穿灰衣，跳来跳去在田地，五谷杂粮来充饥。（谜语）

21. 松树林中一个小老头儿，头戴一顶棕色帽，专找显眼的地方站出来。（谜语）

22. 带着皮的时候，谁都看不上；把皮去掉的时候，人

人争着要。（谜语）

23. 自己不要，也不准野鸭偷。（谜语）

成长启示

在森林里拍来的电报中，我们了解到一只小喜鹊被驯服，作为主人的"我"，待它很友善。也正是因为"我"的友善，小喜鹊很听话，还总爱帮"我"做事。友善，是一种待人接物的态度，也是一种豁达美好的心态。无论是对待朋友还是小动物，友善都可以拉近彼此之间的距离，消除彼此的隔阂，让我们共生共存，和谐友好。

好词收藏

风和日丽	成群结队	生机勃勃	色彩斑斓	左顾右盼
一如既往	心旷神怡	威风凛凛	不计其数	漫不经心

森林报

8

足储粮食月（秋季第二个月）

导读

到了10月，动物们要为过冬做哪些准备？可爱的小松鼠有哪些生活习性？动物里的"贼偷贼"是怎么回事？树上长的被人们叫作"女妖的扫帚"，用科学怎样解释？一系列的谜团，我们将一一为你揭开。

一年——分为12个月的太阳诗篇

10月——落叶缤纷，道路泥泞，是准备越冬的时节。

西风专摘树叶，它从林中树木上扯下了最后一些枯叶。雨下个不停，一只被雨淋湿的乌鸦孤独地蹲在篱笆上。我们知道，它也快要动身了。夏天在我们这里度过的灰色乌鸦，不知什么时候已经飞到南方去了；而生在最北方的灰色乌鸦却悄悄地来到我们这里。原来乌鸦也属于候鸟，在那遥远的北方，乌鸦跟我们这里的秃鼻乌鸦，同样是春天最先飞来、秋天最后飞走的鸟儿。

秋，完成了它的第一个任务——给森林脱去夏装，现在又将要做第二件事情：使水变得越来越凉，越来越凉。早晨，水洼常被一层薄薄的脆冰覆盖起来。和天空中一样，水里的生命越来越稀少。夏天曾经在水上盛开的美丽花儿，早已把种子丢到水底，把长长的花茎缩回水下。鱼儿们游到深坑里，深坑里的水相对温和些，它们准备在那儿过冬。在池塘里住了一个夏天的蝶蜻，现在从水里钻了出来，它 们软绵绵的，拖着长长的尾巴爬上陆地，在树根下找了个有青苔的地方过冬。水面都被冰封起来了。

陆地上的一些冷血生物，现在变得更冷了。昆虫、老鼠、蜘蛛、蜈蚣什么的，都不知藏到哪儿去了。蛇在干燥的洞里，身体盘作一团，一动也不动。蛤蟆钻到烂泥里，蜥蜴躲在被脱落的树皮覆盖的树墩下，在那里冬眠了……野兽们有的裹上了暖和的皮大衣，有的把自己洞里的小仓库装满粮食，有的在为自己寻找巢穴。都为过冬做准备呢……

秋天户外有7种天气：播种天、落叶天、毁坏天、泥泞天、怒号天、倾盆天和扫叶天。

林中大事记

准备过冬

天气还不算太冷，可是也不能疏忽大意呀——眼看着寒气开始加深，一瞬间就会把大地和水都用冰封起来。到那时去哪儿找食物呢？到哪儿去寻找藏身之所呢？

森林里每一只动物，都在按照自己的方式为过冬做准备。

不能忍受寒冷和饥饿的，鼓起翅膀飞到别处去了；留下来的，都在勤勉地奔忙着，将自己的小仓库里装满冬粮。

短尾野鼠特别起劲地搬运着食物。许多野鼠干脆在禾草垛里或粮食垛下安了家，每天夜里偷偷地把粮食运往过冬的洞里。

每一个洞，都有五六个小过道，而每一个过道都可以通向一个出口。

地底下还设有一间卧室和几间仓库。

冬天，野鼠要到天气特别冷的时候才开始睡觉。因此它们有充足的时间储备更多的粮食。有的野鼠洞里，已经收集了四五千颗精选的谷粒。这些小啮齿动物专门在田地里偷粮食，所以我们得防备它们祸害庄稼。

过冬的小伙儿

树木和多年生的草本植物，都在准备过冬。一年生的草本植物已将它们的种子播下了。可并不是所有的一年生草类都以种子的形式过冬。它们有的用发芽的形式，在翻过土的菜园里生长了起来。这时可以看到，在荒凉的黑土地上生长着一簇簇锯齿状小叶子的荠菜；还有和荨麻差不多的、毛茸茸的紫红色野芝麻小叶子；还有细小的香茅草、三色堇、犁头菜，当然还有令人讨厌的繁缕。

这些小植物都准备顽强地度过寒冷的冬天，活到明年秋天。

来得及准备过冬的植物

在雪地上，一棵多枝杈的椴树十分显眼，像个棕红色的斑点，但呈现出棕红色的不是叶子，而是坚果上的那种像小舌头似的小翅膀。在那些长长短短的椴树树枝上，到处结满了这种有翅膀的小坚果。

不仅仅是椴树有这样的装扮。瞧，这棵高大的桦树不也一样吗？这棵树上挂着许许多多的坚果，那些坚果像豆荚似的又细又长，一簇一簇、密密麻麻地挂在树上。

可是最好看的，要数山梨树了！一直到现在，山梨树上还保留着一串串光彩夺目的、沉甸甸的浆果。还有小檗（bò）树上也挂满了浆果。

桃叶卫矛的果实，也在秋天里炫耀着自己的美丽，简直像是一朵朵带着黄色雄蕊的玫瑰花。

这里的一些乔木，没能赶在入冬之前传下它们的后代。

还可以看见白桦树枝上一簇簇风干了的荑花，荑花里还藏着翅果。

像一个个黑色小球的赤杨果还没有成熟落掉。不过，白桦和赤杨都有机会为春天准备好了一些东西——荑花序。只要春天一到，这些荑花序就要把身子伸得直直的，张开鳞片，绽放出花朵。

榛子树同样也有荑花序——每根树枝上有两对粗粗的暗红色荑花序。可是，在榛子树上早已找不到榛子了。榛子树也做好了入冬前的准备，早早地跟它的后代告别了。

■尼·巴甫洛娃

贮存蔬菜

短耳朵水老鼠，夏天就住自己在小河边建造的别墅里。在那里，它有一间地下室。从房门口有一个过道斜着向下，一直通到水里。

现在，水老鼠在多草墩的草场上，为自己安排好了一间又舒适又温暖的冬季住宅，那里离水比较远。里面有很多条100来步长或更长的过道，通到这间住房里来。

在一个特别大的草墩下设置了卧室，里面铺着软绵绵的、暖暖和和的草。

在储藏室和卧室之间，有几个特殊的过道连接着。

储藏室里摆设得有条有理。水老鼠从庄稼地里和菜园里偷来的五谷、豌豆、蚕豆、葱头、马铃薯等，都分门别类、整整齐齐地收藏在那里。

松鼠的晾晒台

松鼠在树上有几个圆圆的巢。它把其中一个圆巢当作了仓库，把在林中收集来的小坚果和球果，贮存在那里面作为冬粮。

另外，松鼠还在林中采集了一些蘑菇——油蕈和白桦蕈。它把蘑菇挂在折断了的松枝上晒干。等到冬天，它将在树枝上跳来跳去，把那些干蘑菇当点心吃。

活的储藏室

姬蜂给它的孩子找到一间奇特的储藏室。

姬蜂有一对飞得很快的翅膀，一双眼睛长在朝上卷曲的触角下，十分敏锐。在它的胸部和腹部之间有一个纤细的腰；在它腹部的尾巴尖上，有一根细长挺直的尾针，就像我们缝衣服用的针一样尖（运用比喻，形象地写出了姬蜂尾针的尖锐和厉害）。

夏天的时候，姬蜂找到一条特别肥大的蝴蝶幼虫。它扑到蝴蝶幼虫身上，把尾针刺戳到幼虫的肌肤里，幼虫被麻痹了，趁此机会姬蜂在幼虫身上钻了一个小洞，并且在小洞里产下了一个卵。

姬蜂飞走了。蝴蝶幼虫很快就苏醒过来，又开始吃树上的叶子。秋天快到了，蝴蝶幼虫结了茧，变成了蛹。

这时，在蛹里面，姬蜂的幼虫也从卵里孵出来了。在这结实的茧里面，它既暖和又安全。而蝴蝶幼虫的蛹，也就成了姬蜂幼虫的食物，足足够它吃上一整年。

到了明年夏天，茧打开了，可是里面飞出来的不是蝴蝶，而是一只身子又细又长，全身呈现黑红黄三色的姬蜂。姬蜂是我们人类的朋友，因为它是很多有害昆虫幼虫的天敌。

自己就是储藏室

有很多种野兽，并不需要为自己造什么特别的储藏室。因为它们本身就是储藏室。

在秋天的几个月里，它们能吃多少吃多少，把自己养得肥肥胖胖，这样，长在身上的脂肪和肉就成了它们的储藏室。

要知道，脂肪就是它们过冬所需的养料。脂肪在皮下积成厚厚的一层，等到野兽找不到可吃的东西时，脂肪就会透过肠壁，渗到血液里去。血液把养料输送到全身。

在整个冬天睡大觉的熊、獾、蝙蝠什么的，大大小小的野兽，采用的都是这样的做法。它们使劲地吃，吃得饱饱的，然后倒头大睡。

脂肪在它们体内不停地燃烧，阻挡外面的寒气渗到它们身体里来。

贼偷贼

森林里的狡猾的长耳猫头鹰有多么爱偷东西呀！可是它自己竟被其他的贼给偷了。从外表上看，长耳猫头鹰长得跟雕鸮差不多，只是体形小一些。它的嘴巴像个钩子，头上的羽毛直竖着，一对眼睛又大又圆。即使在伸手不见五指的夜里，这双眼睛也什么都看得清，它的耳朵也什么都听得见。

老鼠在枯叶堆里刚发出窸窸窣窣的响动，长耳猫头鹰就已经飞到那里去了。只听嗖的一声——老鼠就被它抓到半空中了。小兔在林中空地上一闪而过，这个夜强盗已经飞到了它的上空。又听见嗖的一声——兔子的小命已经丧在它的利爪之中了。

长耳猫头鹰把啄死的老鼠拖回自己的树洞里去。既不自己吃，也不给别人吃——它就这样留着，等到冬天找不着食物的时候才吃呢！

白天，它就待在树洞里，看守储藏的东西，到了夜里它才飞出去打猎。打猎时，它还不时地飞回到树洞里去看看东西是否还在。

长耳猫头鹰忽然注意到：它所储藏的东西好像少了些许。这位主人眼睛敏锐得很，它虽然不会数数，可是会用眼睛盘算。

夜幕降临了，长耳猫头鹰觉得肚子饿了，便飞出去打食。当它回来时发现一只老鼠不见了，只见树洞底下有只跟老鼠一般大小的灰色小野兽，在那里一动一动的。

它立刻想抓住那只小野兽，可是小野兽早已闪电般地蹿过树底下的一条裂缝，在地上逃掉了。可以看见那只小野兽的嘴里还叼着一只小老鼠呢！

长耳猫头鹰紧追过去，眼看就要追上了，可是它定睛一看，就决定不再去抢它嘴里的老鼠了。原来，这小偷竟是一只十分凶猛的伶鼬（yòu）。

伶鼬专靠抢劫为生。别看它个头儿小，可是又勇敢又机灵，敢于向长耳猫头鹰挑衅。要是谁被它一口咬住胸脯，就别想再活命了。

难道夏天又来了？

天气一会儿冷，一会儿热的。冷的时候，风吹到脸上就像刀割一般；可是有时候太阳出来了，没有风，天气就变得很暖和。这时就感觉夏天好像突然回来了。

黄澄澄的蒲公英和樱草花，从草丛里面露出了笑脸。美丽的蝴蝶在空中轻盈地飞舞；成群结队的蚊虫，像一根轻飘飘的柱子似的，在空中绕来绕去。不知打哪儿飞来一只小巧玲珑的鹪鹩（jiāoliáo），它翘着尾巴热情地唱起了歌，歌声是那么动听、那么嘹亮！

从高大的云杉上，传来了迟飞的柳莺的婉转歌声，那声音听起来仿佛在埋怨什么，又像在倾诉什么，好像雨点儿打在水面上："啪，嗒！啪，嗒！"

这会使你忘却冬天已快要来临了。

青蛙受惊

池塘，连同池塘里的居民，通通被冰封起来了。可是有一天，天气突然变暖，冰又融化了。集体农庄的庄员们决心把池底好好整理一番，他们从池底挖出一堆烂泥。干完活儿，他们就离开了。

温暖的阳光老是照耀着大地，泥堆散发着水蒸气。突然，一团淤泥动弹起来了：一小团泥离奇地从泥堆里散落出来，满地滚起来了。咦！这是怎么回事？

有一小团泥里露出一条小尾巴，在地上抖动着。抖动着，抖动着，只听扑通一声，它跳回池塘里去了！紧接着，第二个小泥团，第三个小泥团，也跟着跳进水里去了。

可是另一些小泥团，竟伸出小腿，在池塘边跳了起来。简直是太不可思议了！

哦！原来这不是小泥团，而是一些全身裹满烂泥的活鲫鱼和活青蛙。

它们是要到池底过冬的。可是集体农庄的庄员们把它们连同淤泥一起挖了出来。太阳将烂泥堆晒得暖暖的，于是鲫鱼和青蛙都醒来了。它们一醒，就开始跳跃起来：鲫鱼又回到了池塘里；青蛙则要找个更安静的地方，免得睡得正香甜时，又被人给挖了出来。

现在，几十只青蛙像是计划好了似的，都朝一个方向跳去了。那边还有另外一个池塘，就在打麦场和大路的那一边，比原先那个更大、更深。一会儿工夫，青蛙已经跳到大路上了。

但是，在深秋，太阳的温暖是不持久的。

不一会儿，乌云遮住了太阳。寒冷的北风吹来了。赤身裸体的小旅行家们冷得要命。青蛙竭尽全力又跳了几下，就倒在地上了。它们的脚冻僵了，血也凝固了，一下子就动弹不得了。

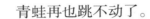

青蛙再也跳不动了。

所有跳到这儿的青蛙都被冻死了。

所有青蛙的头都朝着一个方向——朝着大路那边的大池塘。那个大池塘里有很多救命的、暖和的淤泥。

红胸脯小鸟

夏天，我走在森林里，发现茂密的草里好像有什么东西在跑。起初我吓了一跳。后来我开始仔细地查看，原来是一只小鸟被青草绊住，出不来了。这是一只个头小小的鸟儿，浑身上下是灰色的，只有胸脯是红色的。我把它抓住了，欢天喜地地带回了家。

在家里，我拿了点儿面包屑给它吃，它吃饱了肚子，就高兴起来了。我还给它做了个笼子，每天提些小虫给它吃。就这样，它在我家里住了一个秋天。

可是，有一天，我不在家，笼子没有关好，这只小鸟被我家的猫给吃掉了。

我很爱这只小鸟，所以我伤心地哭了一场。可是已经无力挽回了！

■森林通讯员　奥斯大宁

逮着一只松鼠

松鼠有一件操心的事情，就是到了夏天要采集好粮食，存起来到冬天再吃。我亲眼看见一只松鼠，从云杉树上摘下一个小球果，拖进树洞里。我在这棵树上做了个标记。后来，我们把这棵树伐倒了，在树洞中将松鼠掏了出来，发现里面有好多球果。我们把松鼠带回家，养在笼子里。一个小男孩儿好奇地把手指头伸到笼子里，松鼠却一口把他的手指头咬透了。松鼠可真厉害呀！我们拿来许多云杉球果喂它，它挺喜欢吃，不过，要数榛子和胡桃它最爱吃了。

■森林通讯员　斯米尔诺夫

我的小鸭

我的妈妈把三个鸭蛋放在一只母火鸡身下。

到第四个星期，孵出了好几只小火鸡，还有三只小鸭。

在它们长大以前，我们一直把它们养在一个十分暖和的地方。过了些日子，我们第一次让母火鸡带着它的孩子们到外面去了。

在离我们家不远的地方，有一条水沟。小鸭们看到了，马上摇摇摆摆地走进沟里，游起水来了。母火鸡赶忙跑过来，在沟边急得团团转，并大声地叫着："哦！哦！"可是，小鸭们连看都不看它一眼，仍然在水里自由自在地游着，于是，母火鸡就带着小火鸡放心地走开了。

小鸭们游了一会儿，感觉身上冷了，就从水里游上了岸，嘎嘎地叫着，冻得浑身发抖，却找不到可以取暖的地方。

我走过去，把它们捧在手里，并用手帕盖起来，放进屋里，它们立刻安静了下来。以后，它们就在我家生活了。

清早，我把这三只小鸭从家里放出来，它们立刻跳进水里。等它们游得冷了，马上就会从水里出来，往家里跑。由于它们的翅膀还没长齐，家里的台阶太高，它们飞不过去，只知道叫唤。有人见了，就把它们捉到台阶上面来，三个小家伙就进到屋里，径直地跑到我的床边，伸长了脖子，不停地叫唤。有时候，我正在睡觉，妈妈便会把它们捉到床上，它们就钻进我的被窝跟我一起睡。

临近秋天的时候，它们已经长大了，我也被送进城里去读书了。家里人写信告诉我，我的小鸭子非常思念我，老是叫唤着来回找我。听到这个消息后，我很伤心，流了不少眼泪。

■森林通讯员　薇拉·米赫耶娃

星鸦的谜

在我们这儿的森林里，有一种乌鸦，它的体形比普通的灰乌鸦小一点儿，全身都是斑点。我们管它叫星鸦，而西伯利亚人管它叫星乌。

星鸦把收集来的松子，储藏在树洞里和树根底下，到冬天的时候再吃。

冬天，星鸦从这个地方闲逛到那个地方，从这座森林飞越到那座森林，尽情享用着储藏的冬粮。

它们难道都是享用自己储藏的食物吗？每一只星鸦所享用的，都不是它自己所储藏的松子，而是它们的同类储藏的。它们每飞到一片不曾到过的小树林，就立刻开始找寻别的星鸦所储藏的松子。它们会将所有的树洞都盘查一遍，在树洞里找到松子吃。

当然了，藏在树洞里的十分好找。可是别的星鸦会把松子藏在树根下或灌木丛下，可怎么个找法呢？冬天，下雪了，大雪覆盖了整个大地。可是星鸦飞到灌木丛边，挖开灌木丛下面的雪，总是能够准确无误地找到别的星鸦藏在那下面的松子。森林里成千上万棵乔木和灌木，星鸦如何得知这一棵树下藏着松子呢？是凭什么特殊的方式找到的呢？

这是一个未解之谜。

我们得想出一些试验来探索其中的奥秘，弄明白星鸦到底是用什么法子，能在一片白皑皑的雪底下，准确找到别的星鸦储藏的松子的。

恐　惧

树上的叶子全都落了，森林显得稀稀疏疏。

一棵灌木丛下躺着一只小兔，它把身子贴在地上，只有两只眼睛东张西望。它心里十分害怕，因为，周围老是窸窸窣窣地响……是老鹰在树枝间扑翅膀的声音，还是狐狸的脚爪踩落叶的声响呢？这只小兔的毛色将要变白，浑身斑斑点点的，就等着下第一场雪了！四周亮堂堂的，森林里变得五彩缤纷，遍地是黄色、红色和棕色的落叶。

万一猎人来了怎么办？

赶快跳起身逃跑吗？可是，该往哪儿跑呢？枯叶像铁片似的在脚下沙沙作响。就连自己的脚步声也能把自己吓个半死呀！

小兔静静地躺在灌木丛下，尽量让青苔遮住它的身体，贴在一个白桦树墩上，躺在那儿，动也不敢动，大气都不敢喘，只是两只眼睛东瞧瞧、西望望。

好恐惧呀……

"女妖的笤帚"

现在，树木都是光秃秃的，可以看见它们上面那些在夏天所不能看到的东西。瞧，远处有一棵白桦树，它上面好像布满了白嘴鸦的巢似的。可是走到跟前一看，那根本不是什么鸟巢，而是一根根黑不溜秋的细树枝，向四面八方生长着。我们管它们叫"女妖的笤帚"。

你们回想一个任何你所知道的关于女妖或巫婆的童话吧！巫婆坐着笤帚杆在空中飞行，一路用笤帚扫除自己的痕迹。女妖骑笤帚从烟囱里飞出来。可见，不管是巫婆还是女妖，都离不开笤帚。所以她们在几种不同的树木上撒上一些药粉，施法叫那些树的树枝上，都长出像笤帚一样的一根根难看的细树枝。幽默的讲童话人，硬是这样说的。

当然了，这种说法是不符合科学道理的。那么科学的说法是怎样的呢？事实上，树上长了一根根的细树枝，是因为树木得病了。树的这种毛病，是由一种特别的扁虱，或者特别的菌类引起的。榛子树上的扁虱又小又轻，风可以随便把它吹得满森林乱飞。扁虱落在哪根树枝上，就会钻进哪根树的芽里去，在那里面安家。生长芽将来会长成嫩枝——带有叶子的胚的茎。扁虱并不理会它们，只吃芽的汁液。但是，由于被它们的咬伤，产生了分泌物，芽就生病了。等到芽开始发育的时候，嫩枝像是被施了魔法似的开始快速地生长，是普通枝条生长速度的 6 倍。

病芽发育成一根短短的嫩枝，嫩枝又会很快长出侧枝。扁虱繁殖的后代爬到侧枝上，于是那些侧枝又生出更多的侧枝。就这样，不停地分枝再分枝，使原来只有一个芽的地方，长出一把形状奇奇怪怪的"女妖的笤帚"。

当这种菌类进入芽里——寄生菌的孢子，并且在那里面生长发育的时候，也会有同样的现象发生。

桦树、赤杨、山毛榉、千金榆、槭树、松树、云杉、冷杉……各种乔木、灌木上，都有可能长出"女妖的笤帚"。

活的纪念碑

现在正是栽树的大好时光。

在这个充满欢乐而又造福人类的事业中，孩子们也不甘落后。他们学着大人的样子小心翼翼地把冬眠中的小树挖出来，尽量不伤害树根，把它们移植到新的土里去。到了春天，小树从冬眠里一醒来，就开始快速生长，给人们带来喜悦和无尽的好处。每一个栽过或照料过小树——哪怕只是一棵小树的孩子，都算是在生前为自己立一座神奇的绿色纪念碑———一座永远活在心里的纪念碑。

孩子们的想法很好。他们在花园里、菜园里，还有校园里，都造了一些活篱笆。栽在活篱笆里的密密麻麻的灌木和小树，不仅可以阻挡灰尘和白雪，而且还可以招来许多鸟儿，鸟儿将要在这里给自己找一个安全的家。夏天，鹡鸰（jílíng）、知更鸟、黄莺和我们的其他一些好朋友——鸣禽，将要在这些活篱笆里安家，孵出雏鸟，并且还会热心地保护花园和菜园，防止有害的青虫和其他昆虫来这里捣乱。它们还将天天给我们唱动听的歌，给我们带来欢乐。

一些少先队员到克里木过夏天，他们回来时带了一种有趣的灌木（列娃树）的种子。春天，他们用这些种子造出特别出色的活篱笆。还在这种篱笆上挂个牌子，上面写着："切勿触摸！"这种活篱笆的杀伤性很强，它不容许任何人穿过它那紧密的间隙。列娃树能像刺猬一样地扎人，像猫一样地抓人，像荨麻一样地蜇人。（用词准确，突出用列娃树造活篱笆特别合适。）我们等着看吧，什么鸟儿会选中这个厉害的守门员来作为自己的保护神呢？

候鸟向越冬地飞去了

（续完）

听起来像是很简单的事：既然有翅膀，那么愿意飞到哪儿，就飞到哪儿吧！这儿的天气变冷了，挨饿的日子快到了——那就张开翅膀，向南飞一段路，飞到比较暖和的地方去。当那儿的天气也冷起来了——那就再飞远一些，总之，随便飞到一个气候适宜、食物充足的地方去过冬。

　　实际上并不是我们想象的那么简单！不知道什么原因，我们这里的朱雀要一直飞到印度去；而西伯利亚的游隼却途经印度和几十个适宜过冬的热带地方，一直飞到澳大利亚去。

　　这就说明，促使我们这里的候鸟飞越高山、穿越海洋、千里迢迢地飞到遥远国度去的原因，并不只是忍受不了饥饿与寒冷这么简单，可能是鸟类的一种与生俱来的、比较复杂的、无法摆脱并难以克制的感觉。

　　很多人都知道，在远古时候，苏联大部分地区都曾经不止一次地遭受到冰河的侵袭。死气沉沉的冰河以排山倒海之势，慢慢地将我们这里的大片平原覆盖了，之后又慢慢地退却了，这个过程持续了几百年之久。后来，冰河又卷土重来，一路上席卷了所有的生物。

　　鸟类凭借它们的翅膀保全了性命。头一批飞走的鸟儿，占据了冰河附近的土地；下一批飞得远一些；再下一批飞得更远更远，就好像玩跳背游戏似的。当冰河退却的时候，被冰河从巢里挤走的鸟儿，便会飞回自己的故乡。离得最近的，最先回来；离得远一些的，下一批回来；离得更远一些的，再下一批回来。就这样，跳背游戏的顺序又颠倒过来了。可是像这样的跳背游戏"玩"得可太慢了——要几千年才能跳完一次！也许，鸟类就是在时间的巨大间隔里，养成了一种习性：秋天，天快要冷的时候，从自己的筑巢地离开;春天，天气变暖了，再回到那里去。这样的一种习惯，历经千年的磨炼，已经是"深入骨髓，融入血肉"，也就长期保留了下来。因此，候鸟每年从北往南飞。在地球上没有被冰河侵袭过的地方，就没有大批的候鸟——这个事实有力地证明了上面的设想。

其他原因

可是，秋天，并不是所有的鸟儿都向南——向温暖的地方飞，也有些鸟类向其他的地方飞，甚至有向北——向最冷的地方飞去的。

有些鸟儿离开故乡，是因为这里的大地被雪掩埋了，水被冰封起来了，它们找不到食物吃。只要天气稍微变暖，大地上出现化冻的地方，我们这里的秃鼻乌鸦、椋鸟、云雀……马上又会飞回来了！只要江河湖泊上的冰刚开始融化，鸥鸟和野鸭就会立刻归来。

绵鸭不管怎样也不能留在干达拉克沙禁猎区过冬，因为冬天厚厚的一层冰会把白海全部封起来。它们找不到食物，不得不往北飞，因为再往北一些，有墨西哥湾暖流经过的地方，那里的海水整个冬天都不会冻冰。

在冬天，如果从莫斯科出发，一直向南走，那么很快就会走到乌克兰，在那里，可以看到秃鼻乌鸦、云雀和椋鸟。在我们这儿认为山雀、灰雀、黄雀等是留鸟，而秃鼻乌鸦、云雀和椋鸟却要飞到比那些留鸟稍远一些的地方去过冬。可是，有许多留鸟也并不都是在一个地方居住，它们也在迁移。只有城里的麻雀、寒鸦、鸽子，还有森林和田野里的野鸡，长年居住在一个地方；其他的鸟儿，有的飞到近一些的地方，有的飞到远一些的地方。那么，怎样才能判断出哪一种鸟儿是真正的候鸟，哪一种鸟儿却只是迁移的鸟儿呢？

就拿朱雀来说吧！这种红金丝雀，就很难说它是迁移的。灰雀和黄雀也是一样：灰雀飞到印度去，黄雀飞到非洲去过冬。我们说它们是候鸟的原因，好像跟大多数候鸟不一样。并不因为冰河的侵袭和退却，才使它们变成了候鸟，而是另有原因。

你瞧这雌灰雀，除了头和胸部特别红以外，其他的好像跟普通的麻雀没什么两样。更令人惊奇的是黄鸟，它浑身上下是纯金色的，却长着两只黑色的翅膀。你不禁会想："这些鸟儿的着装真华丽呀……在我们北方，它们真的算是本地的鸟儿吗？难道它们是来自遥远的热带国家的小客人吗？"

你的猜想不错，有可能就是这样！黄雀是典型的非洲鸟，灰雀是印度鸟。也许事情是这样的：在它们那里，跟它们相像的鸟类越来越多，因此年轻的鸟儿不得不去为自己寻找新的居住地，还要孵小鸟。于是，它们开始向鸟类不太多的北方迁移。北方的夏天并不算太冷。甚至刚出生的光溜溜的雏鸟都不会被冻着。等到天气变冷了，无法填饱肚子的它们可以再飞回故乡去。这时候，故乡的雏鸟也已经孵了出来，大家和和睦睦地成群结队住在一起。它们是不会将自己的同类赶走的！明年春天，再飞到北方去。就这样周而复始地过了几千几万年——飞去又飞回，飞去又飞回……

于是移飞的习惯就这样养成了：黄鸟向北飞，经过地中海飞到欧洲去；灰雀则从印度往北飞，飞过阿尔泰山脉到达西伯利亚，然后再往西飞，经过乌拉尔再继续往前飞。

关于形成移飞习惯的还有一种猜想：是因为有些鸟类逐渐适应了新的筑巢地。就拿灰雀来说吧，最近几十年来，我们眼看着这种鸟儿越来越往西迁移，都快要迁移到波罗的海的边缘了。即使那么遥远，到了冬天它们依然要飞回印度的故乡去。

这些有关移飞习惯形成的假说，也可以向我们证明一些问题。可是，关于移飞的问题里面，还有许多未解之谜。

一只小杜鹃的简史

在离我们不远的列宁格勒泽列诺戈尔斯克的一座花园里，有一个红胸鸲（qú）在那里安了家。这只小杜鹃就在这个家庭里诞生了。

你们不需要问，它怎么会孤单地出现在一棵老云杉树根旁的一个舒服的巢里。你们也不需要问，这只小杜鹃给养它的红胸鸲父母带来了多少的苦恼、牵挂与不安。它们十分不易地把这只个头儿是它们3倍大的馋鬼养大了。一天，管理花园的人来到它们的巢边，将这个已经长出羽毛的小杜鹃拿在手里，仔细地瞧了瞧，然后放了回去。这可把红胸鸲夫妇俩吓了个半死。能够很明显地看出，在小杜鹃的左翅膀上，长了一个由白色羽毛构成的斑点。

不管怎样，最后，小小的红胸鸲还是把它们的养子给喂大了。可是小杜鹃每次飞出巢后，一看见它们，还是会张开红黄色的大嘴，沙哑着喉咙跟它们要东西吃。

到了10月初，园里的大多数树木都变得光秃秃的，只有一棵橡树和两棵老槭树上那色彩鲜明的叶子还没有脱落。这时候，小杜鹃突然没了踪影。至于那些成年的杜鹃，早在一个月前，就已经从我们这儿的森林里飞走了。

这年，这只小杜鹃和我们这里其他的杜鹃一样，都是在南非过冬的。那里是夏天飞到我们这儿来的杜鹃的出生地。

而不久以前，园子的管理人看见一只雌杜鹃在一棵老云杉上落着。他担心它会破坏红胸鸲的巢，于是，就用气枪把它打死了。

而在这只雌杜鹃的左翅膀上，可以清清楚楚地看到有几个白色的斑点。

秘密终究还是秘密

关于候鸟迁移的起源的假想，也许我们做得还可以，可是下面这些问题又怎么解释呢？

候鸟的迁移，足足有几千千米长的路程。它们凭借什么来识别这条路的呢？

以前人们认为，秋天，在每一个迁移的鸟群里，都至少会有一只年老的鸟儿，带领着全体鸟群，沿着它曾经飞过的路线，很熟悉地从筑巢地飞往越冬地。可是，现在却不容置疑地证实了：今年夏天刚从我们这里孵出并飞走的鸟群里，可能连一只年老的鸟儿也没有。有些鸟类，年轻的鸟儿要比老鸟飞走得还要早；而有些鸟类，老鸟却比年轻的鸟儿飞走得早。可是，无论如何，年轻的鸟儿都能在规定的时间里飞抵越冬地，并且毫无差错。

这真是太奇怪了。老鸟的小脑袋只有那么一丁点儿。就算是这个脑子可以把那千百千米长的路程记住，可是雏鸟在两三个月以前才孵出来，它还没见过世面，怎么能够独立地认识这条路呢？这可真叫人百思不得其解呀！

比如说我们泽列诺戈尔斯克的那只小杜鹃吧！它是怎

么找到杜鹃在南非的过冬地的呢？所有的老杜鹃飞走的时间，几乎都比它早一个月，根本没有年老的鸟儿来给那只小杜鹃引路。杜鹃是一种性格孤僻的鸟儿，甚至在移飞的时候，从不成群结队，都是单独飞行。小杜鹃是由红胸鸲喂养大的，而红胸鸲是要飞到高加索去过冬的。可是，我们的这只小杜鹃怎么能飞到南非去呢——我们北方的杜鹃世世代代都在南非过冬——而且飞去以后，又怎么回到红胸鸲把它从蛋里孵出并喂养大的那个鸟巢里来呢？

那些年轻的鸟儿怎么会知道应该飞到哪里去过冬呢？

亲爱的《森林报》的读者们，你们得仔细地研究一下鸟类的这个秘密。说不准，这个未解之谜还得留给你们的子孙去研究呢！

要解开这个问题的答案，首先得抛开像"本能"这类不容易懂的词汇。需要想出更多的巧妙的试验来做，要彻底弄清楚：鸟类的智慧与人类的智慧到底有何不同？

集体农庄生活

听不到拖拉机轰隆轰隆的响声了。在集体农庄里，亚麻的分类工作即将结束，最后几批载着亚麻的货车，一辆接一辆地向车站开去了。

集体农庄庄员们现在正在考虑新收成的问题。特种选种站培育了黑麦和小麦的优良新品种来供给全国的集体农庄，庄员们就是在考虑这些麦子的事情。田里的工作快要结束了，可家里的工作越来越多了。现在，集体农庄的庄员们把精力都用在家畜圈上了。

庄员们把牛羊赶进了一个个家畜圈里，马也都被赶进马厩里去了。

空旷的田野里，一群群灰色的山鹑，飞到人们居住的家的附近来了。它们在离谷仓不远的地方过夜，有时候甚至还会飞到村庄里来。

现在已经不是打山鹑的季节了，有枪的庄员们开始去打兔子了。

昨　天

晚上，胜利集体农庄养鸡场的电灯打开了。现在白昼变短了，为了延长鸡的散步时间和进食时间，集体农庄庄员们决定每天晚上用灯光照亮养鸡场。

这下鸡可高兴了。电灯一亮，它们立刻扑在炉灰里洗澡。一只最爱挑衅闹事的公鸡，歪着脑袋用左眼瞅瞅电灯，轻蔑地说："咯！咯！噢，如果你挂得不那么高的话，我一定啄你一口！"

又好吃，又有营养

干草末是所有饲料中最棒的调味料。干草末是用最好的干草制成的。

如果吃奶的小猪想快点儿长成大猪的话，那就吃干草末吧！如果下蛋鸡想天天下蛋，"咯咯哒！咯咯哒！"地炫耀它们的功劳的话，那就赶快吃干草末吧！

新生活集体农庄的报道

在果园工作的人们在忙着整修苹果树。需要把它们收拾干净，装扮起来。它们身上的果实和叶子都没有了，只有灰绿色的胸饰——苔藓。集体农庄庄员们把这种装饰物从苹果树上剪了下来，因为有害虫藏在那里面。庄员们在树干上，还有下面的树枝上都涂上了石灰，免得苹果树再生虫，也免得它们被太阳晒伤，还免得它们遭到寒气的侵袭。现在苹果树穿上了白衣裳，真是漂亮极了！怪不得工作队长开玩笑说："我们是有意在节前把苹果树装扮起来的。我要带上我这些漂亮的苹果树去游行呢！"

适于百岁老人采的蘑菇

在黎明集体农庄里，住着一位百岁的老婆婆阿库丽娜。当我们《森林报》的记者去访问她时，她不在家。家人告诉我们，阿库丽娜老婆婆采蘑菇去了。等到她回来的时候，她带了满满一口袋洋口蘑。她说："有些蘑菇一个个地单独生长，躲得叫人看不见。我的眼睛不行了，找不到那样的蘑菇，可是我采回来的这种蘑菇则不同，只要什么地方有一个，就会有上百个，一大片。我特别喜爱这样的蘑菇。这种蘑菇叫作洋口蘑。它们还有一种习惯，就是往树墩上爬，好叫自己更显眼一些。这种蘑菇最适于我这样的老婆婆采！"

冬前播种

在集体农庄，蔬菜工作队的队员们正往垄上播撒莴苣、葱、胡萝卜和香芹菜籽。把种子种在冰冷的土壤里——如果信任队长孙女儿说的话——那么其实种子对这件事是十分不乐意的。队长的孙女儿一直在说，她听见种子们在大声地嘟囔：

"天气这么冷，就算你们把我们播种下，我们也不发芽！你们谁爱发芽，自己发去吧！"

实际上，蔬菜工作队队员们之所以这么晚才播下这批种子，是因为他们知道在秋天这些种子已经发不了芽了。

但是到了春天，它们会发芽发得特别早，而且成熟得也很早。莴苣、葱、胡萝卜和香芹菜早一点儿收获，可是件好事。

■尼·巴甫洛娃

集体农庄的植树周

在俄罗斯联邦的各个地区，都开始了植树周。苗圃里预备了一大批一大批的树苗。俄罗斯联邦的各个集体农庄里，都在开辟有几千公顷大的新的果园与浆果园。集体农庄庄员们和职工们，在院旁的地段上栽了上百万棵苹果树、梨树和其他的果树。

■列宁格勒塔斯社

城市新闻

动物园里

鸟兽们从夏天的露天住所，转移到冬天的温暖住宅里了。它们的笼子里生了火，特别暖和。因此，哪一只野兽也不打算过漫长的冬眠生活。

园里的鸟儿没有朝笼外飞。在一天之内，动物园的管理人员就会把它们从寒冷的地方搬到暖和的地方去。

没有螺旋桨的飞机

这些天，总会见到一些奇怪的小飞机在本市的上空盘旋。

行人常常站在街头，抬起头，惊奇地注视着这些小飞机慢慢地在空中兜圈子。他们彼此问道：

"你看见了吗……"

"看见了，看见了。"

"真奇怪，怎么会听不见螺旋桨的声音呢？"

"也许是因为飞得太高了吧？您看，它们看起来多么小哇！"

"可就算是降低了，您也听不见螺旋桨的声音。"

"那是怎么回事？"

"因为它们根本就没有螺旋桨。"

"没有螺旋桨？难道说这是一种新型的飞机？是什么型的？"

"雕！"

"您真会开玩笑！列宁格勒哪儿来的雕！"

"有，这种叫作金雕。现在它们正向南方迁移呢。"

"原来如此呀！是的，现在我也看清楚了，是鸟儿在空中盘旋。如果您不说的话，我还真以为是飞机呢。它们跟飞机实在太像了！哪怕扇一下翅膀也好呀……"

快去看野鸭

近几个星期，在涅瓦河上的施密特中尉桥附近，在彼得罗巴甫洛夫斯克要塞附近，还有其他地方，经常会有许多模样奇特、颜色繁多的野鸭。

有跟乌鸦一般黑的黑海番鸭，有嘴巴弯弯、翅膀上带白斑的斑脸海番鸭，有尾巴像小棒一样的杂色的长尾鸭，还有两色相间的鹊鸭。

都市那样的喧闹，它们一点儿也不怕。

　　甚至当黑色的蒸汽拖轮迎风破浪，将它的铁制船头径直冲向它们时，它们也不害怕。它们只需要往水里一钻，然后又在离原处几十米远的地方露出水面。

　　这些潜水的野鸭，全部是海上飞行线上的旅客。它们每年都要到我们列宁格勒做两次客——春天和秋天各一次。

　　什么时候拉多加湖中的冰块流到涅瓦河的时候，它们就要飞走了。

鳗鱼的最后一次旅行

　　秋天降临到了大地，同样也来到了水底。

　　水变凉了。

　　老鳗鱼去做最后一次的旅行。

　　它们从涅瓦河出发，一路经过芬兰湾、波罗的海和北海，游到水特别深的大西洋里去。

　　它们虽然在河里生活了一辈子，可是没有一条能再回到河里来。它们全体将在几千米深的海洋里，找到自己生命的归宿。

　　不过，它们要产完卵再死去。我们觉得海洋深处会很冷，其实并非如我们所料：那里的水温大概有 7 摄氏度。很快，鱼子在那里都将变成小鳗鱼。几十亿条像玻璃一样透明的小鳗鱼开始长途旅行，3 年后，它们将到达涅瓦河。

　　它们将会在涅瓦河里成长，并长成大鳗鱼。

打 猎

秋 猎

　　秋天，一个空气清新的早晨。一位猎人扛着枪来到郊外，他还用短皮带牵了两只紧靠在一起的猎狗，这两只猎狗胸脯宽宽的，它们长得很结实，黑色的毛里夹杂着棕黄色斑点。

　　他来到小树林边，从猎狗脖子上解下皮带，将它们"丢"到小树林里去。两只猎狗都箭一般地向灌木丛里蹿去了。

　　猎人顺着树林边悄悄地走，选择可以迈下步子的小路，这是一条野兽经常出没的小路。

　　他来到灌木丛对面的一个树墩后面，那里有一条隐隐约约的林中小道，从林中一直通向下面的小山谷。

　　还没等他站稳，猎狗就已经找到了兽迹。

　　最先叫起来的，是老猎狗多贝华依，它的叫声低沉而嘶哑。

年轻的札利华依跟在它的后面也汪汪地叫了起来。

猎人一听叫声就知道，它们把兔子轰出来了。秋天的地面，被雨水弄得尽是黑乎乎的烂泥。现在两只猎狗正在这烂泥地上，用鼻子嗅着兔子留下的足迹，向前追赶。

它们离猎人一会儿近，一会儿远，因为兔子总在不停地兜圈子。

瞧！那不就是兔子嘛！它那棕红色皮毛不是在山谷里一闪一闪嘛！真是个傻瓜！

猎人错过了机会……

再看那两只猎狗！多贝华依走在前面，札利华依伸着舌头在后面跟着。它们紧追着兔子，在山谷里跑过。

哎，不要紧的，还会把兔子追回树林里来的。多贝华依是一只追赶野兽从不放松的猎狗——它只要发现了兽迹，就绝不会放过，更不会错失。它是一只熟练的猎狗哇！

又跑来了，又跑来了。绕着圈子跑，又回到树林里来了。

猎人心里想："兔子还会再跑到这条小路上来的。我可不能再错过机会了！"

安静了一会儿……后来……咦！怎么回事？

两只猎狗怎么一只在东边叫，一只在西边叫呢？

这时候，带头的老猎狗干脆不叫了。

只有札利华依自个儿在那里不停地叫着。

静下来了……

又听见了带头猎狗多贝华依的叫声，可是这一回声音跟刚才不一样，越发激烈，而且有些发哑。札利华依尖着嗓子，也跟着气喘吁吁地叫了起来。

它们发现了另外一只野兽的踪迹！

是什么野兽的呢？一定不是兔子的。

十有八九是红色的……

猎人赶紧给猎枪换上了弹药：装进了最大号的霰（xiàn）弹。

从小路上窜过一只兔子，跑到田野里去了。

猎人看见了，可是没有举枪。

猎狗越来越近。两只猎狗，一只是声音嘶哑地叫、一只是激怒地尖叫……突然间，一个火红脊背、白胸脯的野兽，冲到小路上来了，正好窜过灌木之间兔子刚才经过的那个地方……一直朝猎人站的地方冲过来了。

猎人端起了枪。

那野兽觉察到了，它把蓬松的尾巴往左右来回摆动。

可是晚了！

乒！火药把狐狸打死并抛到空中，然后狐狸直挺挺地摔在了地上。

猎狗从树林里飞快地跑出来，向狐狸扑过去。它们用锋利的牙齿咬住狐狸的火红色毛皮，使劲地撕扯着，眼看要撕破了！

"放下！"猎人厉声喝道，连忙奔了过去，立刻从猎狗嘴里夺下了那宝贵的猎物。

地下的搏斗

在我们集体农庄附近的森林里，有个出了名的獾洞，自古以来就在这儿。它虽然叫作"洞"，但实际上根本就不是，而是一座山冈，这山冈被世世代代的獾纵横掘通了，是个獾的完整的地下交通网。

塞索伊奇带我去看了那个"洞"。我把山冈仔仔细细地查看了一番，数了数，一共有 63 个洞口。还有一些看不出来的洞口，隐蔽在山冈下的灌木丛里。

一眼便能看出，在这宽敞的地下隐蔽所里居住的不仅仅是獾：在几个入口处，有许多熙熙攘攘的甲虫——埋葬虫、推粪虫，还有食尸虫。这里到处可以看见家鸡骨头、山鸡骨头和松鸡骨头，还有长长的兔子脊椎骨。甲虫正在这些骨头上忙碌着。獾才不会干这样的勾当呢！它从来不吃鸡和兔子。而且獾非常爱干净，它绝对不可能把吃剩的食物或其他脏东西丢在洞里或洞外。

兔子、野禽和家鸡的骨头有力地证明：除了獾住在这座山冈的地下以外，这里还住着一个狐狸家庭。

有些洞被掘坏了，变成了真正的壕沟。

塞索伊奇说："我们这儿的猎人耗费了不少力气，要把狐狸和獾挖出来，可怎么做都是徒劳的。因为根本不知道那些狐狸和獾都躲在地底下的什么地方，所以无论怎么挖也挖不出来。"

他沉默了一会儿，又接着说：

"现在我们试试，能不能用烟把里面的家伙熏出来！"

第二天清晨，我、塞索伊奇和一位小伙子，三个人一起向山冈走去。一路上，塞索伊奇老跟那个小伙子开玩笑，一会儿喊他烧炉工人，一会儿又喊他伙夫。

我们三个人忙活了好长时间，才把那地下所有的洞口全部堵上，只剩下山冈下面的一个和山冈上面的两个没有堵。我们搬来好多杜松和云杉的枯树枝放在下面的那个洞口。

我和塞索伊奇，各自站在上面的一个洞口附近，在小灌木的后面躲了起来。"烧炉工人"在洞口点着了火。等火烧旺的时候，又堆放上许多的云杉枝。火堆冒出了呛鼻的浓烟。一会儿工夫，烟就好像顺着烟囱似的直冲到洞里去了。

我们这两个射击手，在埋伏的地方，迫不及待地等着浓烟从洞口冒出来。也许聪明的狐狸会早一点儿窜出来吧！也许会滚出一只又笨重又懒惰的肥獾子吧！也许在那地下洞府里，它们早已被烟熏得什么都看不见了。

可是，洞里的野兽还真有股忍耐的劲头呢！

我看到烟已经升到塞索伊奇跟前的灌木丛后面了，并且冒到我的身边来了。

　　估计现在用不了等多久，就能看见野兽会打着喷嚏从洞里跳出来了。保准有好几只，一只接一只地跳出来。赶快把枪端到肩膀上——千万不能让那动作灵敏的狐狸逃掉！

　　现在烟更浓了。一团团的，滚滚地往外冒，已经弥漫到灌木旁边来了，熏得我眼睛都睁不开了，连眼泪也流出来了。说不准在眨眼睛、抹眼泪的时候，野兽跑掉了还不知道！

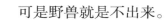

　　可是野兽就是不出来。

　　手一直托着抵在肩膀上的枪，累得够呛。我便把枪放下了。

　　我们等了好久。小伙子不停地往火堆里添加枯树枝和云杉枝。可还是没出来一只野兽。

　　"你认为它们被烟给熏死了吗？"在往回走的路上，塞索伊奇说。"不会的，老弟，它们不可能被熏死！因为烟在洞里是向上升的，可它们钻到了地底下。谁晓得它们那个洞挖得有多深呀！"

　　这次的失败，令这个小胡子男人很不开心。为了给他些安慰，我给他讲了一段凫螏（tí）和粗毛的狐梗（gěng）的故事。这两种都是特别凶猛的猎狗，能够钻到兽洞里去捉獾和狐狸。塞索伊奇听了，忽然兴奋起来。他要我给他弄一只这样的猎狗来。不管怎样，也要给他弄这样一只猎狗来！

我只好答应他，说我会尽力满足他的愿望。

事后不久，我就去了列宁格勒。没想到我的运气还真不错：一位我所熟识的猎人，把他心爱的一只凫蜈借给我了。

当我把小狗带回村庄交给塞索伊奇的时候，他竟然大发脾气，冲着我说：

"你干吗？想来取笑我吗？就这只小得像老鼠一样的狗，别说老公狐，就是小狐狸，也能将它活吞的。"

塞索伊奇是个矮个子，他对自己的这个缺点十分不满，所以，对其他的小个子（甚至包括狗在内），他也瞧不起。

凫蜈的样子确实很滑稽：个子又矮又小，长长的身子，四条小腿歪歪扭扭的，像是骨头脱了骱（jiè，骨节与骨节衔接的地方）似的。可是当塞索伊奇满不在乎地向它伸过手去的时候，这只粗野的小狗，竟龇出锋利的牙齿，凶恶地咆哮起来，向他猛扑过去。塞索伊奇赶快闪在了一边，说了句："好家伙！还真够凶的！"然后就不吭声了。

我们刚走到山冈前，小狗就暴跳如雷地冲向了兽洞，我的手差点儿被它挣脱了骱。我刚把它从皮带上解开，它就像射出的子弹一样钻进黑咕隆咚的洞里去了。

人类为了满足自己的需求，培养出一些奇怪的犬种。大概这种个儿不大的地下猎犬凫蜈就是其中顶奇怪的一种吧。它整个的身子，瘦长得像貂一样，没有比它更适合钻洞的了：脚爪弯弯的很适合挖泥土，也会使劲抵住泥土。它那又窄又长的嘴脸，一旦把猎物咬住，就会死不松口。我在兽洞上面等着，心想：在这黑暗的地下洞府里，这只人类驯养的家犬和森林中的野兽浴血搏杀，不知会有什么样的结果。我越想越害怕，万一小狗抵不过，并且从兽洞里出不来了呢？我还有何脸面去见那位爱犬的主人呢？

　　猎狗正在地下追猎。虽然有厚厚的一层泥土挡着，但我们还是清楚地听到了响亮的狗叫声。猎狗的叫声好像不是从我们脚底下传来的，而像是从遥远的什么地方传来的。

　　接着，叫声越来越近，越来越清晰。叫声狂怒，近乎嘶哑。更近了……可是，忽然又离远了。

　　我和塞索伊奇在山冈上站着，手里紧紧地捏着派不上用场的猎枪，捏得手指头都酸了。叫声一会儿从这个洞口传来，一会儿又从那个洞口传来，一会儿又从第三个洞口传来。

　　突然叫声停了。

　　我知道这是什么意思，小猎狗在黑暗洞府里的某个地方，追上了野兽，正互相厮杀呢！

　　这时候我才猛然想起，在放小猎狗进兽洞之前，我就该考虑到，猎人通常打这样的猎，总要带上铁锹的，等到猎狗在地下跟敌手交战时，就赶紧把它们上面的土挖开，以便在猎狗搏杀失败的时候帮助它。当搏斗在离地面约一米的时候，可以这样做。可是，这个深洞，连用烟熏都不能把野兽呛出来，还谈什么给猎狗帮忙呢？

这可如何是好呀！凫蜍肯定会死在深洞里的。也许在深洞里，会有好几只野兽与它搏斗呢！

忽然狗叫声又传来了，闷声闷气的。

可是，我都没来得及高兴，那狗叫声又听不见了。这一回可真的要完喽！

我和塞索伊奇，在这只英勇的小狗的坟墓前站了许久。

我不忍心离开。塞索伊奇先开口了："老弟，这回咱俩干了桩蠢事！大概小狗是遇到老狐狸或老獾了。"

塞索伊奇沉默了一会儿，又接着说：

"怎么样？还是走吧！要不，再等一会儿。"

真让人出乎意料，从地下传来了一种窸窸窣窣的声音。

这时，从兽洞里露出了一条细细的黑尾巴，接着是两条弯曲的后腿还有长长的身子，那身子上满是泥土和血迹。显然是凫蜍挪动很费力的样子。我兴奋地奔过去，将它的身子抓住向外拖。

没想到，一只又肥又重的老獾，跟在小狗后面，从黑暗的兽洞里露了出来，而且那老獾一动也不动。凫蜍死死地将它的脖子咬住，凶猛地甩动着，过了半天还不肯把那已经断了气的敌手放开，好像怕它再活过来似的。

■本报特约通讯员

打靶场

第八次竞赛

1. 兔子跑路的时候,是上山容易些,还是下山容易些呢?

2. 秋天,树叶落下的时候,我们能发现鸟儿的什么秘密?

3. 森林里的哪种动物在树上为自己晾蘑菇?

4. 什么动物夏天住在水里,到了冬天就搬到地下?

5. 鸟儿需要给自己采集、储备冬天吃的食物吗?

6. 蚂蚁为过冬做了哪些准备?

7. 鸟儿的骨头里面有什么?

8. 秋天,猎人最适宜穿什么颜色的衣服?

9. 鸟儿在夏天还是在秋天受伤后的危险性比较小?

10. 能不能把蜘蛛称作昆虫?

11. 到了冬天,青蛙要躲到哪里去冬眠?

12. 脚掌向外反拐的是什么野兽?

13. 往下坠,往下坠,一直坠到水面上;自己不沉,水也不浑。(谜语)

14. 乌鸦三岁以后会怎样？

15. 有一种草，只需要长一年就比那院墙还要高。（谜语）

16. 不管你跑多少年，总也跑不到；不管你飞多少年，总也飞不到。（谜语）

17. 走呀走，可老是走不到；捞呀捞，可就是捞不完。（谜语）

18. 不管在水里洗多长时间的澡，身上照样挺干燥。（谜语）

19. 我们穿它的"肉"，却要丢掉它的"头"。（谜语）

20. 头上戴王冠，却不是国王；脚上有踢马刺，却也不是骑士；天天清晨起得早早，可也不准别人睡觉。（谜语）

21. 有尾巴，但不是兽，有"羽毛"，可也不是鸟儿。（谜语）

成长启示

科学家们做出了很多的假想，并做了很多的实验，最终还是没能解开鸟类迁徙的秘密。我们一直在研究鸟类的智慧，看看它们与人类的智慧究竟有何不同。同时，我们能了解到，没有智慧的人，就会受人欺骗，被人迷惑，让人剥削。具有思想的人，是自由、独立的人。

好词收藏

不可思议　千里迢迢　卷土重来　周而复始　不容置疑

森林报

9

冬客临门月（秋季第三个月）

导读

11月的后半月已经很冷了，可是森林里却从来都不沉闷，鸟儿进行了最后的飞行。下雪了，在森林里狩猎是件很有趣的事情，兔子有太多的阴谋诡计，可最终还是被聪明的猎人识破了。集体农庄的庄员要为过冬做哪些准备呢？

一年——分为12个月的太阳诗篇

11月——一半是秋天，一半是冬天。11月是9月的孙子、10月的儿子、12月的亲哥哥。11月像是插了满地的钉子；

12月像是在大地上铺上桥。11月走到田野里，仿佛骑着有斑纹的马出巡：地上一条烂泥、一条雪，一条雪、一条烂泥。11月这铁工场虽然不算大，但铸造的枷锁够整个俄罗斯用的：池塘与湖泊都被冰封了。

秋天开始做的三项工作：把森林未脱掉的那点儿衣服全部脱下，给水戴上枷锁，又用雪将整个大地都覆盖起来。森林里的树木显得挺不舒服：黑乎乎、光秃秃的，被雨水打得从头到脚都湿漉漉的。河上的冰亮得像一面镜子，可是如果你敢走过去踩它一脚，它就会生气地咔嚓一声，裂道口子，叫你掉进冰冷的水里。翻耕田全都盖上了厚厚的雪被，停止了生长。

不过，现在还没到冬天，只是冬天的前奏曲罢了。接连几天都阴沉沉的，这一天太阳终于出来了。一切生物被温暖的阳光照耀着，是多么高兴呀！瞧，这儿从树根下钻出好多黑色的蚊虫，飞上了天空；那儿又从脚下开放了一朵朵金黄色的蒲公英、款冬花——还都是些春天的花儿呢！雪开始融化了……可是树木依旧睡得沉沉的，就这样毫无知觉地一觉睡到明年春天。

现在，已经到了伐木的季节。

林中大事记

莫名其妙的现象

今天，我挖开了一片雪，把我的一些一年生植物检查了一番。这是种只能活过一个春天、一个夏天和一个冬天的草。

可是，我发现今年秋天，它们并没有全死掉。虽然现在已经进入 11 月了，可许多还是绿色的呢！雀稗还活着。这种草生长在乡村的房前。它那细小的茎纵横交错地铺在地上（人们经常毫不留情地用它来擦脚），长长的小叶子，粉红色的小花不大引人注意。

矮矮的、灼人的荨麻也还没有死。夏天，人们特别讨厌它：当你给田垄除草时，一不小心两只手就会被它戳出水泡来。可是现在，在 11 月里，你看到它会觉得心情特别舒畅。

蓝堇也是活的。你还记得蓝堇吗？这小植物长得非常美丽，微微分开的小叶子衬托着细长的粉红色小花，而且小花的尖儿是深颜色的。你在菜园里会常常看见它。

这些一年生的植物，都还活着。可是，我知道，到了明年春天，它们就都没有了。那么它们现在为什么在雪下生活呢？怎样解释这种现象？我不知道，还得仔细地打听清楚。

■尼·巴甫洛娃

森林里什么时候也不会是死气沉沉的

凛冽的寒风在森林里横行霸道。光秃秃的白桦树、白杨树和赤杨树不停地摇摆，沙沙作响。最后一批候鸟在急匆匆地离开故乡。

夏天在我们这里度过的鸟儿还没有完全飞走，冬天的客人就已经来临了。

鸟儿各有各的口味，各有各的习惯：有的要飞到高加索、外高加索、意大利、埃及和印度去过冬；有的鸟儿却宁愿留在我们列宁格勒州过冬。冬天，它们在我们这里很暖和，还能吃得饱饱的。

飞　花

沼泽地上赤杨的黑枝寂寞地伸在那里，显得那么凄凉！树枝上连一片树叶也没有，地上也没有青草。太阳懒洋洋的，很少从灰色的乌云后露出笑脸。

可是，忽然有许多五颜六色的花儿，快活地在阳光照耀下的黑色赤杨沼泽地上，飞舞起来了。花儿大得出奇——白的，红的，绿的，还有金黄的。有的落在赤杨树枝上，有的粘在桦树的白色树皮上，像彩色的斑点似的闪烁着耀眼的光芒；有的落在地上；有的在空中抖动着灿烂的翅膀。

它们用一种芦笛似的声音互相配合着，从地面飞上枝头，从这棵树飞向那棵树，从这片小树林飞往那片小树林。它们究竟是什么？是从哪儿来的？

北方飞来的鸟儿

它们是我们冬天的客人，是从遥远的北方飞来的小鸣禽。有红色胸脯、红色脑袋的朱顶雀；有烟灰色的太平鸟，翅膀上带有五条红色的羽毛，像五个手指一样，头上有一撮冠毛；有深红羽毛的松雀；有绿色的雌交嘴鸟和红色的雄交嘴鸟。这儿还有金绿羽毛的黄雀，黄羽毛的小金翅雀，胖乎乎的、胸脯鲜红的美丽灰雀。在我们本地居住的黄雀、金翅鸟和灰雀，都迁移到较暖的南方去了。上面所说的这些鸟儿，都是在北方做巢的鸟儿。现在北方特别冷，所以它们觉得我们这儿还挺暖和的呢！

黄雀和朱顶雀喜欢吃赤杨子和白桦子。太平鸟和灰雀喜欢吃山梨和其他浆果。交嘴鸟喜欢吃松子和云杉子。它们都把肚子填得饱饱的。

东方飞来的鸟儿

矮矮的柳树上，突然开出了艳丽的白玫瑰花。这些白玫瑰在灌木丛间飞来飞去，在树枝上绕来绕去，用那像黑钩一样的细长脚爪，东抓抓，西挠挠。白色花瓣似的小翅膀，在空中忽闪着。空中传来轻盈而祥和的啼啭声。

这是白山雀。

它们不是来自北方的鸟儿，而是从东方飞来的，从那风雪呼啸的严寒的西伯利亚，穿越峰峦叠嶂的乌拉尔区，飞到我们这儿来的。那里早已是冬天，矮小的山水杨树早已被厚厚的白雪掩埋起来了。

该睡觉了

太阳被团团的乌云遮了起来。空中落着湿漉漉的灰色雪花。

一只肥胖、笨重的獾子，气急败坏地哼唧着，一跛一拐地朝自己的洞口走去。它心里特别不痛快：森林里又泥沣，又潮湿。该钻到干燥、整洁的沙土洞里去了。该躺下来睡懒觉了。

羽毛蓬松的林中小乌鸦——噪鸦，在森林里打斗起来了。湿淋淋的羽毛，闪动着咖啡渣的颜色。它们放开嗓门大叫着。

一只老乌鸦哇的一声在树顶上叫起来。原来它望见远处有一具动物的尸体。老乌鸦张开它那漆亮的蓝黑色翅膀，飞了过去。

林中静悄悄的。灰色的雪花盈盈地落在干枯的树木上和褐色的土地上。地上的落叶开始渐渐地腐烂了。

鹅毛般的雪越下越大，把黑色的树枝掩盖起来了，把大地也掩盖起来了……

遭到严寒的侵袭，我们列宁格勒州的河流——伏尔霍夫河、斯维尔河和涅瓦河，先后都被冰封了。到了最后，芬兰湾也冻冰了。

最后的飞行

11月的最后几天，已经聚集了成堆的雪。忽然，天气又变暖和了，可是，雪还没有融化。

早晨，我出去散步，看见雪上（无论是灌木丛里还是树间的大道上）到处飞舞着黑色的小蚊虫。它们筋疲力尽

地飞舞着，从下面的某个地方升起来，好像被风吹着似的
（虽然一点儿风也没有），绕一个半的圈圈，然后侧着身子
落在雪上。

到了午后，雪开始融化了，树上的雪掉落了下来。你一
抬起头，融化的雪水就会滴在你的眼睛里，或者一团又湿又
凉的雪尘就会撒在你的脸上。这种时候，不知从哪儿出来许
许多多黑色的小蝇子，是的，跟飞舞的小蚊虫一样，也是黑
色的。在夏天里我从来没看见过这种小蚊虫和小蝇子。小蝇
子神采奕奕地飞着，只是飞得很低，紧挨着雪地飞。

到了傍晚，天气又转凉了，那些小蝇子和小蚊虫就不
知躲到哪儿去了。

■森林通讯员　维利卡

貂追松鼠

在我们这儿的森林里有许多松鼠游牧而来。

在它们居住的北方，球果供应不上了，那是个饥荒年。

松鼠在松树上分开来坐着。它们用后爪将树枝抓住，
用前爪捧住球果在香甜地啃着。

一不留神，一只球果从松鼠的脚爪里滑落到雪上了。
松鼠不舍得将它丢弃，气冲冲地大叫着，从一根树枝上跳
到另一根树枝上，然后蹦到雪地上去了。

它在地上一蹦一蹿的，后腿一撑，前脚一托，一直往

前跳。

　　它突然看见，从一个枯枝堆里，露出一团黑乎乎的毛皮和一双锐利的小眼睛……吓得松鼠把球果都给忘了。它迅速地往跟前一棵树上一蹿，顺着树干往上爬。这时，从枯枝里跳出一只貂来，跟在松鼠后面，貂也飞快地顺着树干往上爬，可松鼠已经到树梢了。

　　貂顺着树枝爬了上去，松鼠纵身一跳，就跳到另外一棵树上去了。

　　貂将它那井绳一般窄细的身子缩成一团，背脊弯成弓形，也纵身一跳。（形象地写出了貂动作的灵活。）

　　松鼠沿着树干箭一般地飞跑。貂紧跟在它身后，也沿着树干飞跑。松鼠的动作很灵活，可是貂的身子更灵活。

　　松鼠跑到了树顶，不能再往上跑了，旁边也没有别的树。

　　眼看貂快要追上它了……

　　松鼠从这根树枝跳上那根树枝，紧接着向下一蹿。貂穷追不舍。

　　松鼠在树梢头上跳，貂在树干上追。就这样，松鼠跳呀，跳呀，跳到了最后一根树枝上。

　　下面是地，上面是貂。

　　已经不容考虑了：它一跳跳到地上，就赶快往另一棵树上跑。

　　唉，在地上，松鼠怎么会是貂的对手呢。貂三步两跳就追上了松鼠，把松鼠扑倒在地。于是松鼠就一命呜呼了……

兔子的阴谋

半夜，一只灰兔偷偷溜进了果木园。小苹果树的皮可真甜呀！天快亮的时候，它已经把两棵小苹果树给啃坏了。雪落在它头上，它也不在意，只是一刻不停地嚼着啃着，啃着嚼着。

树林里的公鸡已叫了三遍。狗也汪汪地叫起来了。

这时候，兔子才猛然清醒过来，想到应该趁人们还没起床，还没发现它，赶紧跑回森林里去。周围一片雪白，它那棕红色的毛皮，隔老远就特别显眼。它可真羡慕白兔呀，现在白兔浑身是雪白雪白的！

这天夜里下的初雪是温和的，能够印得上脚印。灰兔跑着，在雪地上留下一路脚印。拉长的脚印是长长的后腿留下的；这些小圆圈是短短的前腿留下的。在这层温暖的初雪上，每一个脚印和爪痕，都可以看得清清楚楚。

灰兔跑过田野，又跑过森林，在自己身后留下一串串的脚印。刚才灰兔吃得饱饱的，要是现在能在灌木丛中打个盹儿该多好呢。可糟糕的是，无论它躲到哪儿，脚印都会将它的行踪暴露出来。

于是灰兔就想了个好的计策：把自己的脚印弄得乱

七八糟。

这时，村里的人已经起床了。园主人走到果木园里一看——哎呀！我的天！两棵小苹果树都被啃掉了皮！他往雪地上一看，就明白了：小树下有兔子的脚印。他举起拳头、咬紧牙关狠狠地说："你等着瞧吧！我要用你的皮来偿还我的损失。"

他匆匆回屋，往枪里装好弹药，带上枪踏着雪走了出去。

瞧，灰兔就是在这里跳过篱笆的，过去后就往田野里跑去了。一进森林，脚印就在灌木的周围转。你这阴谋诡计可别想骗我了！我搞得明白！

喏，这是第一个圈套：灰兔先绕灌木跑了一圈，然后横着跑过自己的脚印。

喏，这是第二个圈套。

园主人在兔子的脚印后面跟踪，把两个圈套都给识破了。在手里端好枪，准备随时放枪。

他突然站住了，这是怎么回事呢？脚印怎么没有了呢？周围全是平坦的雪地，就是兔子能够蹿过去，也该看得出呀！

园主人弯下身去仔细观察脚印。哈哈！原来这是一个新的计谋：兔子沿着自己的脚印跑回去了。它每一步都准确地踏在自己先前留下的脚印上。乍一看，很难分辨出那"双重的"脚印。

于是，园主人就顺着脚印往回走。走着，走着，他又走回到田野里来了。这么说，也许是他看错了。这么说，应该还有一个诡计他没能看穿。

他转过身，又顺着"双重的"脚印走回去。哈哈，是这样啊！原来"双重的"脚印很快就中断了，再往前走，脚印又是单层的了。嗯，这么说，兔子就是在这里躲到一边去了。

果然不出所料：兔子一直顺着脚印的方向，蹿过了灌木，然后向一旁跳了过去。现在脚印又是单的了，突然又中断了。又是一行新的"双重脚印"穿过灌木丛。再往前，就是跳着走了。现在可得仔细地看……又朝一边跳了一次。这回，兔子肯定是在一个灌木丛下歇息了。你想骗人可没那么容易呀！

真的，兔子就在这附近躺着。可并不是猎人所想象的那样躺在灌木下，而是躺在一大堆枯树枝下。

灰兔睡得正香甜，突然，听见沙沙的脚步声。那声音越来越近，越来越近……

它抬起头一看，有两只穿毡靴的脚正向它走来。黑色的枪杆碰着了地。

灰兔悄悄地从它隐藏的地方钻了出来，箭一般地蹿到枯枝堆后面去了。只见像绒球似的小白尾巴，在灌木丛中一闪，兔子就没有影儿啦！

园主人只好两手空空地回去了。

不请自来的隐身鸟

在我们这儿的森林里，又来了一个夜强盗。要想看见它，可不是件容易的事，因为夜里太黑，看不见，可白天又不能将它跟雪区别开。它是在北极地带居住的，所以身上的服装，跟北方常年不化的白雪是一个颜色。我说的是北极的雪鸮。

雪鸮跟猫头鹰一般大小，只是力量方面比猫头鹰略差一些。它以大大小小的飞鸟、老鼠、松鼠和兔子为食。

在它的故乡苔原，天气十分寒冷，大部分的小野兽躲到洞里去了，鸟儿也都飞走了。

忍受不了饥饿的雪鸮不得不外出旅行，到我们这儿做客来了。它预备过了春天再回去。

啄木鸟的打铁场

在我们家菜园的后面，有许许多多老白杨树和老白桦树，还有一棵特别老的云杉。云杉上挂着几个球果，有一只五彩的啄木鸟，飞来吃这些球果。啄木鸟落在树枝上，用它那长长的嘴巴啄下一个球果，顺着粗粗的树干向上跳去。它把球果塞在一条树缝里，开始用嘴啄它。它把球果里的子儿吸出来以后，就把球果往下一丢，又去采另一个球果。它把第二个球果也塞在那条树缝里；接着采了第三个、第四个……它把球果都塞在那个树缝里，就这样一直忙到天黑。

■森林通讯员　勒·库波列尔

去问问熊

熊为了躲避寒风，喜欢把自己的冬季住宅——熊穴安置在地势低的地方，甚至安置在沼泽地上，安置在茂密的小云杉林里。

可是，有一件事很奇怪，那就是：倘若这年冬天天气不太冷，常遇到融雪天，那所有的熊就一定会在高的地方冬眠——小丘上或小山冈上。这件事，是由许多代猎人查对过的。

这个道理很简单：熊害怕融雪天。也确实不得不怕，如果冬天有一股融雪水流到它的肚皮底下，天气又忽然一冷，雪水就会冻成冰，那毛蓬蓬的熊皮外套就会被冻为铁板，到那时可如何是好呢？那时哪还顾得上睡觉，必须得跳起身来满森林里乱跑，活动活动血脉来使自己暖和了！可如果不睡觉，不停地活动的话，它就会会把身上储存的热量消耗完，那时，又不得不吃东西来补充能量。可是冬天，熊在森林里找不到吃的东西。因此，如果它能预测到这年冬天暖和，它就会给自己选个高一些的地方做穴，免得遇到融雪天，被雪水浸湿。这个简单的道理我们都明白。

可是，它究竟依据什么样的预兆，知道这年冬天的天气是暖和还是冷呢？为什么早在秋天，它就可以十分准确地为自己在沼泽地上或是丘冈上，选择一个好地方做穴呢？这我们还搞不清楚。请你钻到熊洞里，去问问熊吧！

按照严格的策略

古时候，俄罗斯有个谚语："森林是恶魔，在森林里干活儿，离地狱也就不远了。"

古时候，伐木工人（樵夫）的劳动是很令人害怕的。手握斧头的人们，像对待凶恶的敌人似的对待绿色的朋友。要知道，我们直到18世纪才有了锯子。

一个人需要拥有无穷无尽的体力，才能从早到晚地用斧头砍树。要有钢铁般的强健体魄，才能在冰天雪地、风雪咆哮的时候，白天只穿一件衬衫干活儿，夜里在没有火把的小房子里，或者就在一间小草棚里，盖着大衣睡觉。

春天，活儿更不容易干了。

整个冬天伐倒的树木，都得运到河边去，等河里的冰融化了，把那些沉重的圆木推进水里，劳驾河妈妈把木材运走。大家知道河水流往哪个方向。

河水把木材运到什么地方，那里就应该感激它……用那些木材在河的两岸建起一座座城市。

到现代怎么样呢？

"伐木工人"这几个字的意义早已不同了。我们在伐倒大树和削去树枝的时候，已不再利用斧头了。我们的这些工作都由机器来代替。就连森林里的道路，也由机器来开辟、铺平，然后再顺着这条路把木材运走。

森林里的履带拖拉机的力量可真大呀！

这个沉重的钢铁怪物，听驾驶它的人指挥，闯入这无法通行的密林，像割草一样，将那些百年的大树伐倒。它轻易就能把老树连根拔起，放倒在两旁，然后把歪倒在地上的树推开，铲平地面，将道路修得十分平坦。

装载在汽车上的流动发电站，在这条道路上驶过去。工人们手里拿着电锯，走到树木前。包橡皮的电线就像蛇一样地在他们身后蜿蜒盘旋着。锋利的电锯钢齿，毫不费力地锯着那坚固木材，像刀切黄油一般。不到半分钟的工夫，电锯就把直径有半米的粗树干给锯断了。这棵巨树已经活了100岁了！

把这方圆百米以内的树木都锯倒后，汽车又把流动发电站装载到前面去。一辆强有力的运树机开来了，占据了它原来的位置。运树机将几十棵没有削去树枝的大树一齐抓起，拖到木材运输路上去了。

　　巨大的运树牵引机，顺着这条路，将许多的木材拖向窄轨铁路。在窄轨铁路上，有一个司机开着一大串长长的敞车，敞车上载满了几千立方米的木材，开往铁路车站或河码头的木材场。在木材场，人们将这些木材加工、整理成圆木、木板和纸浆的材料。

　　在现代，人们通过机器的帮助，将采伐的木材运送到遥远草原上的村庄、城市和工厂里去，运到所有需求木材的地方去。

　　每一个人都知道，在这样优越的技术条件下，只可以按照特别严格的全国性计划来采伐木材；否则，我国富有的森林区，将会一下子变为荒漠。靠现代科学技术来消灭森林，是再容易不过的了。可是森林的成长还是跟以前一样漫长——要等到几十年后，才可以成林呢！

　　我国会在砍去森林的地方，立刻建造新的森林——栽上名贵的树木。

集体农庄新闻

　　今年，我们集体农庄的庄员们干的活儿真出色。我省的许多集体农庄，1公顷能收1 500千克的粮食，已经成了常有的事。1公顷收2 000千克粮食，也不算稀奇了。有些优秀的工作队的成绩是那样的突出，那种收成使先进工作者们有权荣获劳动英雄的光荣称号。

　　政府对田间劳动者们的忘我劳动很重视，于是用劳动英雄的光荣称号，用勋章和奖章来作为庄员们有成就的标志。

　　现在到了冬天。

　　集体农庄田里的劳动都结束了。

　　妇女们在牛栏里工作，而男人们运饲料给牲畜吃。家里养猎狗的人出去打灰鼠。另外，还有很多人去采伐木材。

　　灰山鹑群走得离农舍越来越近了。

　　孩子们去上学读书。白天，他们布置捕鸟网，在山坡上滑雪，或者滑小雪橇。晚上做家庭作业、读书。

咱们要比它们的心眼多

一场大雪过后。我们发现，老鼠在雪底下挖了一条地下通道，一直通到我们苗圃的小树前。可是，我们要比它们的心眼还要多：我们把每棵小树边上的雪，都踩得结结实实的。这样，老鼠就不能钻到小树跟前来了。有些老鼠不小心就会钻到雪外面来，那它可就惨了，非得冻死不可。

兔子也是个祸害，常常到我们的果园里来。我们同样想出了对付它们的办法：我们用稻草和云杉枝把所有小树都包扎得严严实实的。

■吉玛·布罗多夫

吊在细丝上的房子

有一种小房子，在一根细丝上挂着，只要风一吹，就会摇摇晃晃。这种房子的墙，仅仅有一张纸那么厚，连个防寒的设备也没有。在这样的小房子里能过冬吗？

你不会想到吧——是可以在这种小房子里过冬的！这种设备简陋的小房子我们看见过不少。它们被一根根只有蜘蛛丝那样细的丝，吊在苹果树枝上。制作这种小房子的材料是枯叶。集体农庄庄员们把它们取下来，并且烧掉。原来小房子里的主人，是些很坏的虫子——苹果粉蝶的幼虫。如果它们能留下来过冬，那么到了春天，它们就会把苹果树的芽和花啃坏。

凡事有利就有弊，森林也不例外！

昨天夜里，光明之路集体农庄差一点儿就被偷了。午夜快到的时候，一只大兔子钻到果园里来了。它企图把小苹果树的皮啃掉，可是刚一下嘴就发现那些苹果树干，跟云杉树干一样戳嘴。这只兔子试了又试，可都没能成功。它只好垂头丧气地离开光明之路集体农庄的果园，向附近的森林里跑去了。

集体农庄庄员们早已预料到会有林中小偷来他们的果园里捣乱，因此砍了许多云杉树枝，把苹果树干围了起来。

棕黑色的狐狸

在郊区的红旗集体农庄，人们建起了一个养兽场。昨天，从外地运来了一批棕黑色的狐狸。一大群人跑来向这批集体农庄的新居民表示欢迎。就连学龄前儿童也都跟着大人们来了。

狐狸用胆怯又充满着怀疑的目光，打量着前来欢迎它们的人。唯独一只狐狸，忽然安静地打了个哈欠。

"妈妈！"一个在白色头巾上戴了顶小帽子的娃娃叫道，"可不能把这只狐狸围在脚上——它会咬人的！"

在温室里

在工作者集体农庄，大家正在忙着挑选小葱和小芹菜根。

工作队长的孙女儿问道：

"爷爷！这是给牲口准备的饲料吗？"

工作队长笑着答道：

"错了，孙女儿，你猜得不对。我们现在要把这些精选的小葱和芹菜栽在温室里。"

"为什么要栽在温室里？想让它们长大吗？"

"不，孙女儿。我们想让它们常常给我们提供葱和芹菜吃。冬天我们吃马铃薯的时候，往马铃薯上撒上些葱花很好吃；我们还可以用芹菜做汤喝。"

用不着盖厚被

上星期日，一个九年级学生，外号叫米克，到曙光集体农庄去玩。他在树莓旁遇见了工作队长费多谢奇。

"老爷爷！您不担心树莓会冻坏吗？"米克用一种假装内行的口气问。

"不会的。"费多谢奇回答，"它可以在雪底下平平安安地度过寒冬。"

"在雪底下过冬？老爷爷，您的脑子没事儿吧？"米克接着说，"这些树莓长得比我还高！难道您指望今年冬天会下这么深的雪吗？”

"我指望的可不是深雪，普通的雪就行。"老爷爷回答，"聪明人，现在请你回答我：难道说你冬天盖的被子比你站着的时候还要厚吗？还是比你的身长薄呢？"

"这跟我的身长又有什么关系呢？"米克笑起来了，"我是躺下来盖被的。老爷爷，你搞清楚，我是躺着盖被的！"

"我的树莓也是躺着盖雪被呀！可是，聪明人，你是自己躺到床上；而树莓是由我来将它们弯倒在地。我把一棵棵的树莓弯在一起，再绑起来，它们就躺在地上了。"

"老爷爷，原来您比我想象的要聪明多了。"米克说。

"可惜呀，你却没有我想象中的聪明。"弗多谢奇笑着回答。

■尼·巴甫洛娃

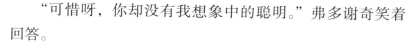

助　手

现在天天可以在集体农庄的谷仓里遇到孩子们。他们有的帮忙挑选准备春播的种子，有的在菜窖里做活儿，有的在精选最优质的马铃薯种子。

有的男孩子到马厩和铁工厂里帮忙。

许多孩子还常常在牛栏、猪圈、养兔场和家禽棚里，担任后勤工作。

我们在学校里读书，同时也可以在家里帮助农场工作。

■大队委员会主席　尼古拉·李华诺夫

城市新闻

华西里岛区的乌鸦和寒鸦

涅瓦河的水结冰了。现在，每天下午4点钟左右，在斯密特中尉桥（第八条街对面）下游的冰上，都会有华西岛区的乌鸦和寒鸦聚集在那里。

鸟儿一阵乱吵乱叫后，分成好几群，飞回到华西里岛上的花园里过夜。每一群鸟都住在它们所喜欢的花园里。

侦察员

本市的果园，还有坟场的灌木和乔木，都需要有人保护。但是人类却对付不了它们的敌人。那些敌人不仅狡猾，而且很小，不容易看见。园丁们看不住它们，得找一批专业的侦察员来帮忙。

在本市的果园和坟场上，可以看见这些侦察的队伍。

"帽子"上有红帽圈的五彩啄木鸟是它们的首领。啄木鸟的嘴就像一支长枪。它把嘴啄进树皮里，还断断续续地高声发口令："快克！快克！"

跟在它后面飞来的是各种山雀：有戴尖顶高帽的凤头山雀，也有像是在厚帽子上插了根短钉的胖山雀，还有浅黑色的莫斯科山雀。在它们的队伍里，还有旋木雀。旋木雀身穿浅褐色大衣，嘴像锥子似的；还有，它身穿天蓝色的制服，只有胸脯是白的，嘴尖利得像把短剑似的。

当啄木鸟发口令说"快克！"的时候，就会跟着重复一遍命令："特误急！"山雀们接着回答："脆克！脆克！脆克！"于是整个队伍就开始忙活起来了。

侦察员们很快就把树干和树枝占据了。啄木鸟不停地啄着树皮，用它那像针一样又尖又硬的舌头，将树皮里蛀皮虫钩出。头朝下，围着树干转过来转过去，发现哪个树皮隙缝里有昆虫或幼虫，就立刻把它那把锋利的"小短剑"刺进去。旋木雀在下面的树干上来回奔跑，用它那弯曲的小锥子戳着树干。成群结队的青山雀在树枝上开开心心地兜圈子。它们仔细查看每一个小洞和每一条小隙缝，没有一只小害虫能从它们尖锐的眼睛和灵巧的小嘴中逃过。

小屋——陷阱饭厅

我们那些可爱的小朋友——鸣禽受冻挨饿的日子来了。

希望大家能够多关心它们!

如果你家里有花园或是小院,就会很容易招引一些鸟儿,在它们闹饥荒的时候喂它们些食物。天气寒冷和有风暴的时候,给它们安排防寒设备,给它们提供做巢的地方。如果你可以招引一两只这种可爱的鸟儿,住到你为它们准备好的小房子里去,那么你便有机会当场捕捉到它了。你只需要造一所小房子就可以了。

请小客人们在小房天台上的免费食堂里吃大麻子、大麦、小米粒、面包渣、碎肉、生猪油、奶酪、葵花子吧!即使你住在大都市里,也会有最有趣的小客人,到你的小房子里去吃东西和住下来的。

你可以拿一根细铁丝或一根细绳子,一端拴在小房天台上能够开关的小门上,另一端经过小窗户,通到你的房间里来。必要的时候,你只要将铁丝或绳子一拉,那扇小门就会砰的一下关闭了。

另外,还有一个更巧妙的办法!给捕鸟房通上电流。

但是,夏天的时候你可千万别捕鸟——捉走了大鸟,雏鸟会被饿死的。

打 猎

秋天，是适合打小毛皮兽的季节。快到 11 月时，那些小毛皮兽的毛已经长满——脱掉了单薄的夏服，穿上了蓬松的、暖和的冬大衣。

猎灰鼠

一只灰鼠能有多大呢？

可在我们苏联的狩猎事业中，灰鼠要比任何野兽都重要。单说灰鼠尾巴，全国每年就要消耗上千捆。利用美丽的灰鼠尾巴，可以做帽子、衣领、耳套和其他的防寒用品。

去掉了尾巴的毛皮，另有所用。人们用灰鼠皮加工成大衣和披肩，制作华贵的淡蓝色女大衣，穿起来又轻便又暖和。

初雪一下，猎人们就外出去猎灰鼠去了。连老爷爷和十二三岁的少年，也到灰鼠多且又容易打到的地方去了。

　　猎人们有的结成群，有的独自一人，在森林里一住就是几个星期。他们将又短又宽的滑雪板套在脚上，一天到晚在雪地上走来走去，

　　用枪打灰鼠，安排和检查捕机、陷阱。

　　他们住进土窑里，或者住在特别矮小的房子里（这种猎人住的小房通常埋在雪里）过夜。他们在一种像壁炉一样的炉子上烧火做饭。

　　猎人猎灰鼠的第一个同伴是北极犬。如果猎人没有北极犬，就相当于没有眼睛。

　　北极犬是一种与众不同的猎狗，是我们北方的猎狗。就冬季在森林、密林里协助猎人打猎的本事来说，世界上的任何猎狗都赶不上它。

　　北极犬可以帮你找到白鼬、鸡貂、水獭的洞穴，还会替你把这些小野兽掐死。夏天，北极犬可以帮你把野鸭从芦苇丛中赶出来，把琴鸡从密林里赶出来。这种猎狗不怕水，特别特别冷的河水也不怕，即使河里有薄冰，它也会游过去，把打死的野鸭拖回来。秋天和冬天的时候，北极犬帮助主人打松鸡和黑琴鸡。在那个时期，靠普通猎狗的伫立凝视来猎取这两种野禽是不可靠的。可是北极犬会蹲在树下，冲着它们汪汪地叫，这样一来，它们的注意力就会集中在北极犬身上了。

　　在还没落雪的初寒时期，或者在大雪纷飞的时候，你

带上北极犬打猎，它还能帮助你找到麋鹿和熊呢！

如果遇见可怕的野兽袭击你，你忠诚的朋友北极犬，绝不会出卖你的。它会从野兽的身后狠狠地咬住它们，好让主人趁此机会来重新装上弹药，打死野兽；哪怕牺牲自己的性命也会保护主人的。不过，最令人惊讶的是北极犬还能帮助猎人找到灰鼠、貂、黑貂、猞猁……

所有别的种类的猎狗都找不到树上的灰鼠。

冬天或是深秋的时候，你走在云杉林、松树林或者混合林里，周围都是静悄悄的。任何地方，都没有东西在那儿晃动，也没有什么东西飞过或者叫出啾啾的声音。周围就像是一片荒漠，连一只野兽也没有，真是死一般的静寂。

可是，如果这时候你带上一只北极犬到森林里来，你就不会感到孤寂了。北极犬可以在树根下找出白鼬，可以从洞里赶出白兔来，随时会一口咬住一只林䶄鼠，还能找到那些"隐身"的灰鼠——无论它们在浓密的松枝间躲得多么隐蔽，它都会把它们找出来。

可是，猎狗不会飞，也不会爬树，假如树上的野兽不到地上来，那么北极犬又是怎么找到灰鼠的呢？

捕野禽的波形长毛猎狗和追踪兽迹的兔猩，需要有很灵敏的嗅觉。这两种猎狗的基本"工具"就是鼻子。这些猎狗，哪怕眼睛坏了，耳朵也聋了，也照样可以干活儿。

可是北极犬不同，它得同时需要三样"工具"——灵敏的嗅觉、敏锐的眼睛和机灵的耳朵。北极犬的这三样"工具"是一起使用的。与其说这是北极犬的工具，不如说是它的三个仆人。

灰鼠刚刚在树上用爪子抓了一下树干，北极犬那直竖的、时刻警惕着的耳朵，就已经在悄悄地告诉主人："发现了小兽！"灰鼠的小脚爪刚在针叶间闪过，北极犬的眼神就告诉主人："灰鼠在这里！"一阵微风，把灰鼠的体味吹到下面来的时候，北极犬的鼻子就告诉主人："灰鼠在那儿！"

北极犬凭借它这三个仆人，发现树上的小兽后，就利用它的第四个仆人——声音给主人（猎人）忠实效力了。

一只好的北极犬，如果发现了飞禽走兽，是绝不会往那棵树上扑，也不会用爪子去抓树干，因为那样做，很可能把藏在树上的小兽吓跑。通常在这种情况下，好北极犬会悄悄地蹲在树下，目不转睛地盯着灰鼠藏身的地方，竖起耳朵，隔一段时间叫几声。除非是主人来了，或者把它叫走，它才会离开树下的。

打灰鼠的方法很容易：北极犬找到灰鼠后，灰鼠就会把所有的注意力全都集中在北极犬身上。这时候，猎人只要悄悄地走过来，不做出任何剧烈的动作，仔细地瞄准开枪就行了。

用霰弹打灰鼠，是不容易打中的。但是猎人能用小铅弹打中这小兽，而且尽量冲着它的脑袋打，避免损害灰鼠皮。冬天，灰鼠受了伤也不容易死，因此，一定要仔细瞄准了再打。否则，它往浓密的针叶丛里一钻，就很难再找到它了。

用捕鼠机和其他捕兽器也能捉灰鼠。

猎人装置捕鼠机的方法是这样的：拿两块又短又厚的木板，安装在两棵树干的中间。下面的板上竖起一根细棒棒，支撑住上面的板，以防它落下来，细棒上拴上香喷喷的诱饵（干蘑菇或者干鱼）。只要灰鼠一拉诱饵，上面的木板就会落下来，把小兽夹住。

只要雪不太厚，整个冬天猎人都会外出打灰鼠。到了春天，灰鼠就要脱毛了。在深秋之前，在它们重新换上冬季华丽的淡蓝色毛皮之前，猎人是绝不去打它们的。

带上斧头打猎

猎人们打凶猛的小毛皮兽，用枪比用斧头的时候多。

北极犬靠灵敏的嗅觉可以找到洞里的鸡貂、白鼬、伶鼬、水貂或者水獭。至于如何把小兽从洞里赶出来，那就是猎人的事了。这件事做起来可没那么简单。

这些凶猛的小兽把自己的洞筑在地底下、乱石堆里和树根下。当它们感觉有危险的时候，不到紧要关头，是不肯离开自己那隐蔽的住所的。猎人只得用探针或者铁棒，伸进洞里去搅上半天，或者将石头搬开，用斧头将粗大的树根劈开，再敲碎冻结的泥土，或者用烟熏的办法将小兽从洞里呛出来。

可是，只要它一跳出来，就没救了：北极犬绝不会轻易地放过它的，只会把它活活咬死。

或者，猎人也会开枪把它打死。

猎　貂

猎取森林里的貂十分不容易。找出它捕食鸟兽的地方并不算难，这里的雪经常被踏个稀巴烂，并且留有血迹。可是，要想找到它在饱饭后隐蔽的地方，就需要有目光相当锐利的眼睛。

貂在空中跑动时，会从一根树枝跳上另一根树枝，从一棵树跳上另一棵树，跟灰鼠一样。但是，它一路跳下去，在身后还是会留下踪迹：折了的小树枝、绒毛、球果、用脚爪抓下来的小块树皮等，零零散散地落在雪地上。具有经验的猎人，就是依据这些痕迹来断定貂的空中路线的。这条道路有时特别的长——有好几千米。得仔细查看，才能毫无差错地跟踪它，根据留下的"线索"找到它。

塞索伊奇第一次找到貂的痕迹时，没有带猎狗。因此他不得不亲自去追那只貂。

他穿着滑雪板走了很长时间。一会儿胸有成竹地往前跑一二十米，因为能看出貂在那里曾经降落到雪地上，它留下了爪痕；一会儿又慢慢地往前走，集中精力察看这位空中旅行家一路留下的、很难看出的标志。那一天，他总是唉声叹气的，后悔自己没有把忠实的朋友北极犬带出来。

当黑夜来临的时候，塞索伊奇还在森林里。

这个小胡子男人用枯树枝生起一堆篝火，坐在那里，从怀里掏出一块面包来吃，好歹度过这漫长的冬夜再说。

早晨，塞索伊奇跟着貂的痕迹来到一棵很粗的枯云杉树前。运气真好！塞索伊奇发现就在这棵树的树干上，有个树洞。貂肯定是在这洞里过的夜，而且可能这时候还没出来。

塞索伊奇把枪机扳好，右手拿枪，左手举起一根树枝，往树干上敲了一下，然后把树枝扔掉，两手端枪，准备貂一蹿出来，就立马开枪。

可是貂却没有跳出来。

塞索伊奇捡起树枝，照着树干用力地敲了一下，接着更加用力地敲了一下。

貂还是不出来。

"哎，它睡得也太熟了吧！"塞索伊奇沮丧地暗自想道，"醒来吧！大懒虫！"

他想着，又举起树枝，竭尽全力地一敲，震得满树林都是乱糟糟的声音。

原来貂没有在树洞里。

这时，塞索伊奇才猛然想起仔细看看这棵云杉的周围。

这棵树的树干是空的，在树干的另外一面，在一根枯树枝下面，还有另外一个出口。而树枝上的雪是被碰掉了的：貂从云杉的这个出口溜出了树洞，逃到旁边的树上去了。由于粗树干挡住了猎人的眼睛，所以猎人没看见。

塞索伊奇没了办法，只好继续往前跑，去追貂。

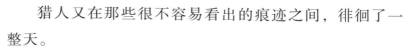

猎人又在那些很不容易看出的痕迹之间，徘徊了一整天。

到后来，塞索伊奇找到一个痕迹，可以清清楚楚地证明，貂离追它的人已经不远了。这时候，天已经黑了。猎人找到一个松鼠洞，貂在那里把松鼠赶走了。一看便知，这强盗在它的猎物后面追了很久，最终还是在地上追到它的。那只精疲力竭的松鼠，也许没有料到自己跳跃不成，一失足从树上掉了下来，于是貂就一连蹿了几下，将它追上了。也就是在这里，在这块雪地上，松鼠被貂给吃掉了。

的确，塞索伊奇跟踪的道路并没有错。可是，他不能再追下去了，因为打昨天起，他连一点儿东西也没吃。他身上连一点儿面包屑都没有了，天更冷了，在森林里过夜，一定会被冻死的。

塞索伊奇非常沮丧地痛骂着，不得不顺着自己的足迹往回走。

"只要能追上这只小兽，"他心里想，"瞄准它，放它一枪，问题就解决了。"

塞索伊奇再一次走过那个松鼠洞的时候，气冲冲地拿下肩上的枪，随便朝松鼠洞开了一枪。他只是想借此发泄一下心头的怒火罢了。令塞索伊奇吃惊的是，从树上掉下的那些树枝和苔藓中，竟然有一只细长多毛的貂。这只貂在临死前，还抽搐了几下呢！

后来塞索伊奇才明白，这种事情是常有的：貂捉住松鼠，吃进肚子里后，就会钻进松鼠的舒适的窝里去，在那里蜷缩起来，安安稳稳地睡起大觉来·。

白天和黑夜

到 12 月中旬，松软的白雪已经积到跟膝盖差不多深了。

太阳落山时分，黑琴鸡在光秃秃的白桦树上一动不动地栖息着，给玫瑰色的天空装点了一些黑影。过了一会儿，它们又突然一只接一只地向下面雪地里扑去，不见了。

夜幕降临了，这是一个没有月亮的夜，黑得伸手不见五指。

塞索伊奇向黑琴鸡失踪的林中空地走来。他带着捕鸟网和火把。浸过树脂的亚麻秆，明亮地燃烧着，照耀着，将那黑黑的夜幕推到了一边。

塞索伊奇边向前走边仔细地倾听着。

忽然，在他前面，离他只有两步路远的雪底下钻出一只黑琴鸡。明亮的火焰照得它睁不开眼睛，它就像只巨大的黑甲虫一样，万般无奈地在原地瞎打转。他手疾眼快地用网将它罩住了。

塞索伊奇利用这个方法，在夜里活捉了好多黑琴鸡。

可是在白天，他就得乘雪橇开枪打它们。

这件事很奇怪：在树顶上待着的黑琴鸡，绝不容许一个步行的人走过来开枪打它们。但是，同一个猎人，如果乘雪橇疾驰过来（哪怕雪橇里还载着集体农庄的大批货物），那些黑琴鸡可就别指望能在他的手里逃脱了！

■本报通讯员

打靶场

第九次竞赛

1. 到了冬天，虾要在哪儿过冬？

2. 冬天，鸟儿最惧怕的是寒冷还是饥饿？

3. 如果兔子毛皮的颜色变白迟了一些，那么这年的冬天来得早还是晚？

4. "兔子旁跳"是怎么回事？

5. 我们这里，什么样的夜强盗，只有到了冬天才出现？

6. "啄木鸟的打铁场"是什么？

7. 乌鸦在秋冬两季分别在什么地方睡觉？

8. 最后的一批鸥和野鸭，什么时候迁移到别的地方？

9. 秋季和冬季，啄木鸟和什么鸟儿结成一伙？

10. 跟踪兽迹的猎人所讲的"拖迹"是怎么回事？

11. 猫的眼睛，在白天和夜里是一样的吗？有什么不同？

12. 跟踪兽迹的猎人所讲的"双重迹"是怎么回事？

13. 跟踪兽迹的猎人所讲的"雪上兔迹"是怎么回事？

14. 在冬天，什么野兽除尾巴尖之外，浑身都变成了白色？

15. 无手无脚到处跑，到处敲打窗和门，敲敲打打要进去，不管愿意不愿意。（谜语）

16. 一种东西地上躺，两盏灯儿放光芒，四种东西分开放。（谜语）

17. 一样东西有重味，水里生来却最怕水。（谜语）

18. 比煤炭还要黑，比白雪还要白，有时要比房子高，有时却比青草低。（谜语）

19. 有个大汉真有趣，背着靴子路上走，靴子越是背不动，他的心里越快活。（谜语）

20. 一个高个子，站在院中央；前面带把叉，后面拖扫帚。（谜语）

21. 整天地上走，两眼不看天，哪里都不痛，但是老哼哼。（谜语）

22. 一所绿房子，没门也没窗，房里的小人儿，住得满堂堂。（谜语）

23. 长大了，就从叶丛里钻出来，把它放在手掌上滚来又滚去，放进嘴里咔吧咔吧咬。（谜语）

成长启示

　　现代的科学技术条件十分优越，如果人们总是砍伐树木为自己所用，消灭森林易如反掌，如果不加节制地砍伐，富有的森林区将会一下子变为荒漠，所以人类必须依照特别严格的计划来采伐树木。森林的生长期是漫长的，所以我们要在砍伐后的森林里立刻栽上树苗，建造新的森林，这样才能保护环境，更好地维护生态平衡。

好词收藏

峰峦叠嶂　气急败坏　神采奕奕　一命呜呼
阴谋诡计　零零散散　胸有成竹　唉声叹气

延伸阅读

◇只有顺从自然，才能驾驭自然。

——培根

◇一切推理都必须从观察与实验中得来。

——伽利略

◇大自然从来不欺骗我们，欺骗我们的永远是我们自己。

——卢梭

◇人只有按照自然所启示的经验来生活。

——叔本华

◇细节在于观察，成功在于积累。

——爱默生

◇世界上没有比大自然更崇高的东西了。

——果戈理

◇观察与经验和谐地应用到生活上就是智慧。

——冈察洛夫

◇心灵与自然结合才能产生智慧，才能产生想象力。

——梭罗

◇这个世界不是缺少美，而是缺少发现美的眼睛。

——罗丹

◇观察，观察，再观察。

——巴甫洛夫

◇我们往往只欣赏自然，很少考虑与自然共生存。

——王尔德

◇学习知识就是要善于思考，思考，再思考。我就是靠这个方法成为科学家的。

——爱因斯坦

◇观察对于儿童之必不可少，正如阳光、空气、水分对于植物之必不可少一样。在这里，观察是智慧的最重要的能源。

——苏霍姆林斯基

‖作者名片‖

维·比安基（1894—1959），苏联著名的儿童文学作家和科普作家。他一生当中的大部分时间都是在森林里度过的。他从事写作多年，写下了很多科普作品、童话和小说，代表作有《森林报》《写在雪地上的书》等。其中《森林报》最为著名。

维·比安基出生在一个养着很多飞禽走兽的家庭里，他的父亲是一位著名的自然科学家。从小，他就喜欢到动物博物馆里去看标本，跟随父亲上山去打猎，和家人一起到郊外、海边或乡村去住。在那里，父亲教会了他如何根据飞行的模样辨别鸟儿，如何根据脚印辨别野兽……更重要的是，从父亲那里，他学会了如何观察、积累和记录大自然的全部迹象。他从事写作多年，以善于描写动植物的艺术才能、轻快的笔调及引人入胜的情节闻名。

‖后世影响‖

　　《森林报》是近百年以来影响很大的科普名著，是少年儿童喜爱的课外读物。作者用轻快的笔调，以报刊的形式，有层次、有类别地报道了森林中的故事，愉快的节日，可悲的事件，还有森林中的英雄及强盗，让孩子们不由自主地爱上了大自然！《森林报》自 1927 年出版以后，连续再版多次，让少年儿童们爱不释手！

‖读后感例文‖

《森林报·秋》读后感一

　　《森林报》是一部儿童森林百科全书，不仅内容生动有趣，编写方式还与众不同：全书共分春、夏、秋、冬 4 册，认真阅读后，每一册书都一定会让你爱不释手。

　　在阅读《森林报》之前，你无法想象，一年之中，森林里竟然会发生多少快乐的与可悲的事件，就拿《森林报·秋》来说吧，它写出了秋的多彩、秋天动物的有趣！秋季的第一个月 9 月，候鸟悄然远行，槭树的翅果着急地在风中寻找归宿。10 月，西风吹来，松鼠把蘑菇穿在松树枝上晾晒，当作冬天的点心。11 月，一半秋来一半冬，在森林里狩猎野兔是多么有趣。在书中，我们可以看到经验丰富的猎人想尽各种办法捕捉猎物，可以听到麋鹿搏斗时发出的声响响彻山林，还可以看到长脚秧鸡徒步走过欧洲等令人发笑的故事。

作者利用自己手中的笔，把森林中新闻故事一一呈现在我们面前，让我们知道所有的动植物都是有感情的，爱憎分明，静谧中充满着杀机，追逐中包含着温情。

《森林报·秋》读后感二

《森林报·秋》是一本关于森林的书，除了秋，还有春、
夏、冬。

书里向我们讲述了森林里动植物的生活习性。里面有很多我们不太了解的自然知识，如松鼠、姬蜂、星鸦、油蕈、白桦蕈等。

其中可爱的小松鼠给我留下了很深的印象。冬天来临前它会把收集来的蘑菇挂在树枝上晒干。等冬天的时候，会把这些蘑菇当成点心吃掉。所以我觉得它比较聪明伶俐。

在书里还有很多有趣的故事，我最喜欢的故事要数"贼偷贼"了。大家听了一定感到很可笑，也很好奇，贼怎么会偷贼呢？其实呀，这个故事里面有三个贼，分别是：我们所熟识的老鼠、神出鬼没的长耳猫头鹰，还有机灵的伶鼬。故事情节是这样的：一个伸手不见五指的夜晚，老鼠在树林里窜过，树叶发出沙沙的声音。长耳猫头鹰这个"强盗"就立刻飞过去，"笃"的一声——把老鼠抓进树洞里了。可是长耳猫头鹰自己不吃，也不给别人吃，它要留到冬天再吃呢！到了第二天晚上，长耳猫头鹰又像往常一样去捕捉动物了，可它回来时，却发现树洞里的猎物好

像少了，就四处寻找。找着找着，它发现远处有一只像老鼠一样的动物，嘴里竟然还叼着一只老鼠。它灵敏地飞过去，却发现是一只伶鼬，长耳猫头鹰又慌忙逃回树洞，原来伶鼬是一种既机灵又勇敢的动物，是长耳猫头鹰的天敌，一旦被伶鼬咬到胸脯，那就会必死无疑。

　　这里面还有许多鸟类，大部分是我们在城市里无法见到的。你们有兴趣的话可以看一下这本书。书里还有一些刁钻古怪的谜语可以让你猜，希望聪明的你能把它们猜出来。

　　读完这本书，你会感到大自然的奥秘是无穷无尽的，只要有

一双善于观察和发现的眼睛，就可以探索其中的奥秘。

知识考点

一、填空题

1. 秋季共分_____个月，第一个月从_____月开始。

2. 森林中被称为有名的"飞毛腿"的是_____。

3. "林中大汉"指的是_____。

4. 绵鸭到了冬天要飞到_____去过冬。

5. 一年生的植物，有的用_____的形式过冬，有的用_____的形式过冬。

6. 森林中大批的云杉与_____、_____搏斗，最终_____获胜。

7. 在狩猎事业中，_____比任何野兽都重要。

8. 猎人猎灰鼠的第一个同伴是_____。

9. 雪鸦和_____一般大小，以_____、_____、_____为食。

二、选择题

1. 《森林报》的作者维·比安基是（　　　）人。

A. 德国　　　　　B. 苏联　　　　　C. 法国

2. 下列动物中冬天不需要冬眠的是（　　　）。

A. 蛇　　　　　B. 青蛙　　　　　C. 兔子

3. 大多数候鸟是（　　　）先飞走。

A. 年老的   B. 年轻的

4. 每只星鸦在森林里享用的都是（　　　　）贮藏的松子。

A. 自己   B. 其他的星鸦

三、问答题

1. 洋口蘑与毒蕈有什么区别？

2. 姬蜂是怎样繁殖幼虫的？

3. 为什么琴鸡要吃碎石和细沙？

参考答案

第七次竞赛答案

1. 从 9 月 22 日的秋分日算起。

2. 雌兔。因此最后生的一批小兔叫"落叶兔"。

3. 山梨树、白杨树、槭树。

4. 并不是所有的候鸟都要向南飞。比如离开我们，飞过乌拉尔山脉，到东方去过冬的候鸟，有小鸣禽靴篱莺、沙雀，还有鳍足鹬。

5. 因为老驼鹿的角很像犁，所以叫它"犁角兽"。

6. 预防兔子和牝鹿。

7. 黑琴鸡（雄的）。根据它们咕噜的叫声而模拟的这几句话。黑琴鸡在春季和秋季是这么咕噜的。

8. 在地上生活的鸟儿，脚需要适应走路，因此脚趾张得很大。这种鸟儿走路是双脚来回轮换的，所以脚印形成一条线。而生活在树上的鸟儿，脚需要适应抓树枝，因此脚趾挤得很紧。这种鸟儿不是在地上走，而是双脚一起向前跳，因此脚印也就印成两行。

9. 在鸟儿飞走的时候开枪，最恰当，因为只要枪弹一射上去，就可以打到它的羽毛里。如果在鸟儿飞过来的时候开枪打头部，枪弹很可能在很紧的羽毛上滑掉，这样就不容易将它打伤了。

10. 代表在森林里的这个地方有动物尸体，或者有受伤的动物。

11. 因为明年在这个地方，鸟妈妈将孵出一窝的雏鸟。如果把鸟妈妈打死了，野禽就要搬走了。

12. 它们大部分在寒流首次袭来的时候就死掉了。另外有一小部分钻到树木、水栅栏或者木屋的缝隙里，还有的钻到树皮里，在那儿过冬。

13. 面朝西方太阳落的方向。因为这样可以在晚霞中更清楚地看见飞过的野鸭。

14. 当猎人没有打中它的时候。

15. 秋播谷物：今年播种，明年收获。

16. 金腰燕。

17. 树叶。

18. 雨。

19. 狼。

20. 麻雀。

21. 蘑菇。

22. 夏天的桑悬钩子；秋天的榛子。

23. 稻草人。

第八次竞赛答案

1. 上山的时候容易。因为兔子的前腿短，后腿长，所以上山跑得比较轻快些。如果是从很陡的山上往下跑，那就得翻跟斗打滚儿了。

2. 夏天的时候，树上的叶子把鸟巢遮住了，等到秋天树叶落光的时候，就能够十分清楚地看见树上的鸟巢了。

3. 是松鼠。它把蘑菇拖到树上去，并穿在短树枝上晒着。冬天食物短缺的时候，它就找来这些蘑菇吃。

4. 水老鼠。

5. 这种鸟儿相当少。猫头鹰把死鼠藏进树洞；松鸦把橡实、硬壳果等藏进树洞。

6. 蚂蚁把蚁穴所有的洞口都堵严，然后聚集在一起过冬。

7. 空气。

8. 黄色或褐色，模仿发黄的植物——乔木、灌木和草的颜色。

9. 秋天。由于秋天它特别胖，有一层厚厚的脂肪，羽毛也长密了，这脂肪和羽毛可以保护它。

10. 因为昆虫有六只脚，而蜘蛛却有八只脚。因此，蜘蛛不属于昆虫。

11. 躲到水里去，躲到石头下、坑里、淤泥里或者青苔下面，有的甚至钻到地窖里去。

12. 田鼠的脚；由于它的脚要适应挖土，就像是鱼鳍要适应划水一样。

13. 从树上落下来的叶子。

14. 过第 4 年。

15. 莠草。

16. 地平线。

17. 河。河水上的泡沫。

18. 鸭子、鹅。

19. 亚麻。

20. 公鸡。

21. 鱼。

第九次竞赛答案

1. 在河边和湖边的洞里。

2. 鸟儿最惧怕的是饥饿。如野鸭、天鹅、鸥。如果有些地方的水没有被冰封住，而它们又有东西吃，那么有时它们会在我们这里留一冬天。

3. 晚冬。

4. 指兔子从连接不断的一行脚印中跳向旁边。

5. 是北方的雪鹗。

6. 啄木鸟将球果塞进大树或树墩的树缝里，用嘴巴给那些球果加工。这种树或树墩就叫作"啄木鸟的打铁场"。在这种"打铁场"的地上，通常会堆积起很多的被啄木鸟啄坏的球果。

7. 在果园、丛林或树上。在那些地方，从黄昏时分开始，就聚集着大群的鸟儿。

8. 当最后一批的湖泊、水塘、河流结冰的时候。

9. 秋天和整个冬天，啄木鸟和成群的山雀、旋木雀、鸭结成一伙。

10. 动物从雪里拖出腿的时候，从小雪坑里拖出了少量的雪，在雪上留下了爪印。这种爪印就叫作"拖迹"。

11. 不一样。白天时，阳光下，猫的瞳孔很小；快到夜里，瞳孔就会变得很大。

12. 指的是兔子来回跑了两趟的脚印。

13. 指的是兔子印在雪地上的脚印。

14. 貂。

15. 风。

16. 狗睡觉的时候。

17. 盐。

18. 喜鹊。

19. 背着猎物、带枪的猎人。

20. 公牛。

21. 猪。

22. 黄瓜。

23. 榛子。

知识考点答案

一、填空题

1. 3 9

2. 秧鸡

3. 大公驼鹿

4. 北冰洋

5. 种子 发芽

6. 白桦 白杨 云杉

7. 灰鼠

8. 北极犬

9. 猫头鹰　飞鸟　老鼠　松鼠

二、选择题

1. B

2. C

3. B

4. B

三、问答题

1. 洋口蘑与毒蕈的区别是：毒蕈帽下都找不到领子，蕈帽下没有鳞片，蕈帽色彩鲜艳。

2. 姬蜂把它的卵产在又肥又大的蝴蝶幼虫身上，这条幼虫便成为姬蜂幼虫的食物了。第二年时，茧里面飞出来的不是蝴蝶而是一只姬蜂。

3. 因为碎石和细沙可以把嗉囊和胃里较硬的食物磨碎，帮助消化。

无障碍阅读·彩插励志版

第一辑

《童年》
《西游记》
《红楼梦》
《水浒传》
《昆虫记》
《名人传》
《稻草人》
《格林童话》
《伊索寓言》
《城南旧事》
《爱的教育》
《三国演义》
《骆驼祥子》
《繁星·春水》
《安徒生童话》
《海底两万里》
《鲁滨逊漂流记》
《最后一头战象》
《朝花夕拾》
《钢铁是怎样炼成的》
《假如给我三天光明》
《汤姆·索亚历险记》

第二辑

《格列佛游记》
《绿山墙的安妮》
《雷锋的故事》
《唐诗三百首》
《成语故事》
《简·爱》
《中国古代寓言故事》
《中外民间故事》
《中外神话传说》
《中外历史故事》

《绿野仙踪》
《木偶奇遇记》
《寄小读者》
《小王子》
《老人与海》
《八十天环游地球》
《小橘灯》
《呼兰河传》
《论语》
《千字文》
《克雷洛夫寓言》
《小鹿斑比》
《中外名人故事》
《吹牛大王历险记》
《中华上下五千年》

第三辑

《荒野的呼唤》
《泰戈尔诗选》
《宝葫芦的秘密》
《小老鼠皮克历险记》
《小学生必背古诗词 75+80 首》
《小战马》
《红脖子》
《水孩子》
《安妮日记》
《列那狐的故事》
《柳林风声》
《人类的故事》
《欧也妮·葛朗台》
《小飞侠彼得·潘》
《汤姆叔叔的小屋》
《爱丽丝漫游仙境》
《地心游记》
《名人名言精读》
《尼尔斯骑鹅旅行记》
《神秘岛》

《森林报·春》
《森林报·夏》
《森林报·秋》
《森林报·冬》
《福尔摩斯探案集》
《莫泊桑短篇小说精选》
《四大名著知识点一本全》

第四辑

《欧·亨利短篇小说精选》
《细菌世界历险记》
《爷爷的爷爷哪里来》
《长腿叔叔》
《海蒂》
《朱自清散文精选》
《契诃夫短篇小说精选》

第五辑

《大林和小林》
《父与子》
《王子与贫儿》
《哈克贝利·费恩历险记》
《猎人笔记》
《居里夫人自传》
《格兰特船长的儿女》
《秘密花园》
《青鸟》
《人类群星闪耀时》
《寂静的春天》
《西顿野生动物故事集》
《飞向太空港》
《镜花缘》
《草原上的小木屋》
《会飞的教室》
《丛林故事》
《小巴掌童话》
《给青年的十二封信》
《白洋淀纪事》
《湘行散记》
《梦天新集：星星离我们有多远》

第六辑

《世说新语》
《聊斋志异》
《儒林外史》
《我是猫》
《了不起的盖茨比》
《少年维特的烦恼》
《神笔马良》
《拉封丹寓言》
《希腊神话故事》
《山海经》
《地球的故事》
《十万个为什么》
《中国民间故事》
《中国古代神话》
《非洲民间故事》
《森林报》
《一千零一夜》

第七辑

《小英雄雨来》
《闪闪的红星》
《赤色小子》
《刘胡兰传》
《两个小八路》
《小游击队员》
《铁道游击队》
《李四光随笔：穿过地平线》
《中国传统节日故事》
《世界经典神话与传说故事》
《欧洲民间故事：聪明的牧羊人》
《捣蛋鬼日记》
《胡桃夹子》
《兔子坡》
《带刺的朋友》
《今年你七岁》
《第七条猎狗》
《萤火虫的季节》
《雁翎队的故事》
《谁是最可爱的人》